KB089590

누구도 알려주지 않는 인공지능 이야기

누구도 알려주지 않는

인공지능 이야기

저자 **차석호**

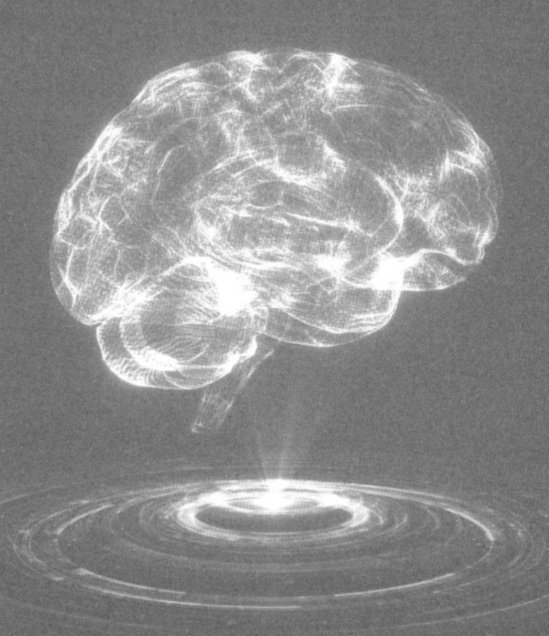

4차 산업혁명 시대의 화두 인공지능,

얼마나 알고 있나요?

인공지능, 제대로 알면 겁먹을 필요 없다!

인공지능을 제대로 알아야 활용할 수 있고, 더불어 살아갈 수 있다.

Dream 공작소

Prologue

인공지능 제대로 알아야 한다

2016년 이후로 가장 많이 접한 단어는 아마도 '인공지능' 일 것이다. 그도 그럴 것이 이세돌 9단과 알파고 간의 세기의 바둑대결이 있은 후 '인공지능'에 대한 관심이 커졌고, 인공지능 기능이 있는 제품도 많이 출시되었다.

인공지능 기능이 있는 제품이 많이 출시되었지만 인공지능에 대해서 제대로 아는 사람은 드문 것이 현실이다. 인공지능 제품에 대한 소개를 통해 인공지능에 대해서 접하기는 했지만 "인공지능이 무엇인가?"라는 질문을 했을 때는 제대로 답을 하는 사람이 드문 것이 현실이다.

어떤 제품에 어떤 '인공지능' 기능이 적용되어 있는지는 누구나 알 수 있지만 '인공지능'의 실체에 대해 아는 사람은 별로 없다. 바야흐로 '4차 산업혁명' 시대가 도래했고, 이 중심에는 '인공지능'이 있다. 인공지능이 생활 속으로 들어오는 시대를 살아야 하는 것은 이 시대 사람들의 숙명이다.

인공지능이 인간 생활 속에 들어오면 올수록 불안감이 더 커지는 것은 어쩔 수 없는 일이기도 하다. 그렇다 하더라도 우리는 인공지능과 더불어 살아가야 하기에 인공지능을 제대로 알아야 한다.

'지피지기면 백전불태'라는 말이 있다. 나를 알고 상대를 알면 백 번 싸워도 위태롭지 않다는 뜻이다. 이 말은 지금

시대를 사는 사람에게 새겨야 할 것이다. 즉, 인공지능과 더불어 살아가려면 인공지능에 대해서 제대로 알아야 한다. (물론 인간에 대해서 아는 것도 중요하다.)

언론이나 서점에 나온 책을 보면 인공지능의 기능에 대해서 다룬 것은 많이 봤어도 인공지능에 실체에 대해서 다룬 책은 거의 없다시피 하다. 이것이 내가 이 책을 쓰는 이유이기도 하다.

나는 대학교 3학년 때인 2003년에 '인공지능'을 처음 접했다. 이때 '인공지능'을 접했으니 다른 사람과 비교하면 빨리 접했다. 이 시기에는 대학교 학부과정에서 '인공지능' 과목이 개설된 곳은 많지가 않았다. 나로서는 이 시기 '인공지능'을 접하고 수업을 들었던 것이 어떻게 보면 행운이다.

이때 들은 '인공지능' 수업이 '인공지능'에 대한 관심을 가지게 했고, 기초를 탄탄하게 했었다. 이를 바탕으로 2017년 가을 '선태유'라는 필명으로 《인공지능의 미래 사람이 답이다》라는 책을 출간할 수 있었다. 이 책은 인공지능에 관한 기초적인 것을 담았고, 지금 와서 생각해 보니 어렵게 썼던 부분도 있었다. 여기에 더해 내가 하고 싶었던 이야기를 전부 담지 못해 못내 아쉬웠다. 이것이 지금 이 책을 쓰게 한 이유이기도 하다.

이 책은《인공지능의 미래 사람이 답이다》에서 하지 못했던 이야기와 그동안 언론이나 서점이나 도서관에서 볼 수 있는 책에서는 다루지 않은 현재 인공지능의 실체에 대해서 다뤘다. 내가 누구도 다루지 않은 '인공지능'의 실체에 대해서 다루는 것은 인공지능을 제대로 알리기 위함이다. 이 책을 읽는 독자들은 그동안 알지 못했던 '인공지능의 실체'에 대해서 알고, 인공지능과 비교해서 인류가 어떤 방향으로 나아가야 할지 생각해 보길 바란다.

2022년 검은 호랑이해

차석호

목 차

Prologue

인공지능 제대로 알아야 한다

PART1

인공지능, 언제부터 시작되었을까?

| 01 | 인공지능의 역사는 컴퓨터의 역사다 … 14
| 02 | 인공지능과 앨런 튜링1 … 19
| 03 | 인공지능과 앨런 튜링2 … 27
| 04 | 인공지능과 폰 노이만 … 33

PART2

현대 컴퓨터와 인공지능

01	긴 겨울잠을 잔 인공지능	… 42
02	인터넷, 인공지능의 겨울잠을 깨우다	… 48
03	체스, 인간과 인공지능 대결의 시작	… 54
04	센세이션을 불러일으킨 알파고	… 60

PART3

현재 인공지능의 한계

| 01 | 폰 노이만 컴퓨터에서의 인공지능 ··· 68

| 02 | 현실의 인공지능과 영화 속 인공지능 ··· 79

| 03 | 현재 인공지능의 특성은 ··· 88

| 04 | 현재 인공지능의 한계 1 – 자유의지 ··· 94

| 05 | 현재 인공지능의 한계 2 – 딥 러닝의 한계 ··· 102

| 06 | 현재 인공지능의 한계 3 – CPU와 운영체제 ··· 110

| 07 | 현재 인공지능의 한계 4 – 프로그램된 인공지능 ··· 118

| 08 | 현재 인공지능의 한계 5 – 경험을 할 수 없다 ··· 127

| 09 | 현재 인공지능의 한계 6 – 모호한 것을 처리할 수 없다 ··· 133

| 10 | 현재 인공지능의 한계 7 – 다양성을 구현할 수 없다 ··· 139

PART4

인간과 인공지능

| 01 | 인간과 인공지능, 공존할 수 있을까? … 148

| 02 | 인간과 인공지능의 장단점 … 157

| 03 | 인간은 무엇을 특화해야 할까? … 165

| 04 | 인간과 인공지능은 공존해야 한다! … 173

Epilogue

'지피지기'면 '백전불태'다

PART 1

ARTIFICIAL INTELLIGENCE

인공지능, 언제부터 시작되었을까?

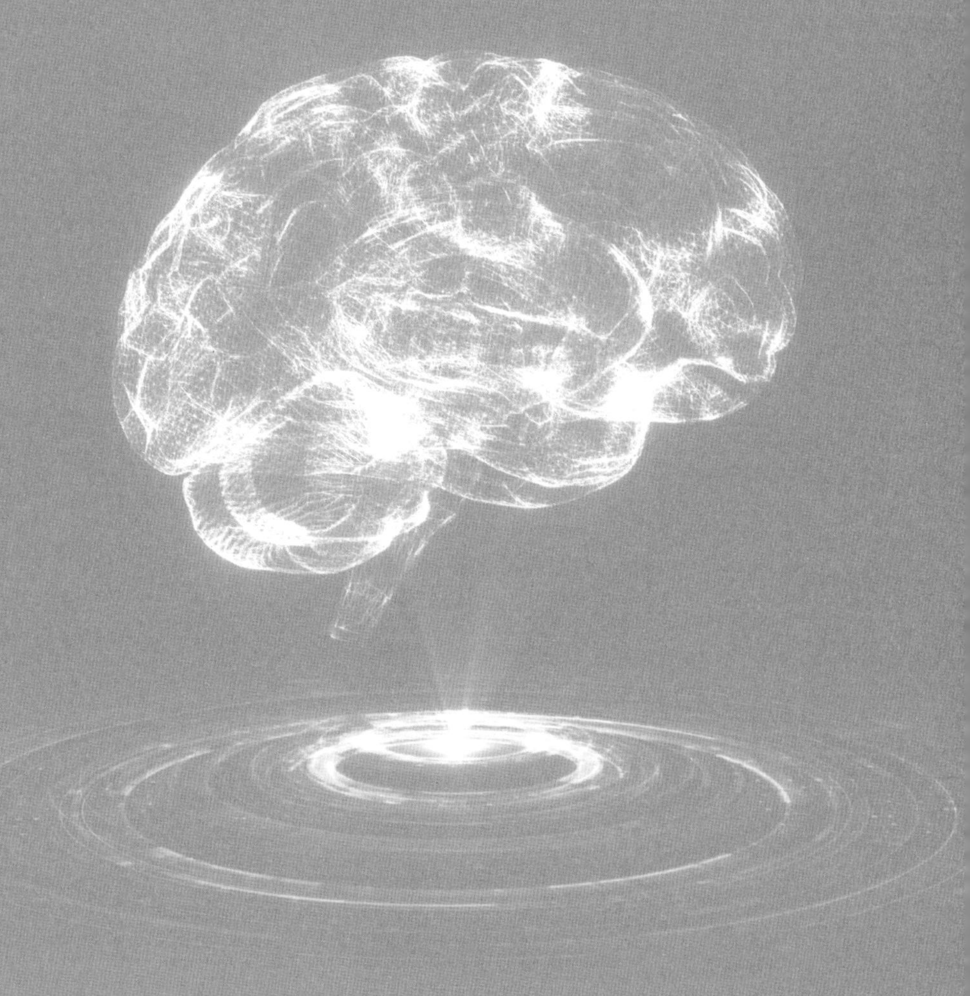

01

인공지능의 역사는 컴퓨터의 역사다

'인공지능'은 컴퓨터와 떼려야 뗄 수 없는 관계이다. 인공지능의 역사는 컴퓨터의 역사와 같이한다. 세계 최초의 컴퓨터라 불리는 '콜로서스'는 1943년에 나왔다. '콜로서스'가 나온 지 5년 뒤인 1948년 영국의 수학자이자 컴퓨터과학자인 앨런 튜링이 〈지능을 가진 기계(Intelligent Machinery)〉라는 논문을 발표했다. 이 논문이 '인공지능'의 시작이다. 최초의 컴퓨터가 나온 지 고작 5년 만이고 2차 세계대전이 끝난 지 3년 만의 일이다.

1948년이면 우리나라는 이해 1월 30일에 스위스 생 모리츠에서 개막한 동계올림픽에 최초로 대한민국이라는 이름과 태극기를 앞세워 참가했다. 대부분이 대한민국, 즉 KOREA라는 이름과 태극기를 앞세워 출전한 첫 올림픽이 런던 올림픽으로 알고 있지만 이는 사실과 다르다. 1992년까지는 같은 해에 동계올림픽과 하계올림픽이 열렸다. 이를테면 1988년 2월에 열린 동계올림픽은 캐나다 캘거리에서, 하계올림픽은 서울에서 열렸다. 1992년에도 2월에 열린 동계올림픽은 프랑스 알베르빌에서, 하계올림픽은 스페인의 바르셀로나에서 열렸다. 이것이 지금과 같은 시스템을 갖춘 것은 알베르빌 올림픽이 열린 2년 후인 1994년 노르웨이의 릴레함메르에서 동계올림픽이 열리면서부터다.

'생모리츠 동계올림픽'이 열린 후 6개월 뒤에 열린 런던 하계올림픽에서는 시상대에 태극기가 게양되기도 했다. 런던 올림픽 폐막 다음 날인 8월 15일에는 정부가 수립된 의미 있는 해이기도 하다. 이런 시기에 '인공지능'을 생각한 것은 대단한 일이다.

여기서 최초의 컴퓨터가 '콜로서스'라고 해서 놀랐을 사람도 있을 것이다. 나도 학창시절에 최초의 컴퓨터는 1946년 나온 '에니악'이라고 배웠다. 그래서 대부분 최초의 컴퓨터라고 하면 '에니악'이라고 알고 있을 것이다. 왜 그러면 우리가 '에니악'을 최초의 컴퓨터라고 알고 있었을까?

'콜로서스'는 독일의 암호 기계인 '에니그마' 해독하는 기계였다. 2014년 개봉한 베네딕트 컴버배치 주연의 영화 〈이미테이션 게임〉에서 '에니그마'와 이를 푸는 해독 기계를 다루기도 했다. 영화가 실제와 다른 점이 있다면 영화 속 '크리스토퍼'라고 불리는 기계는 '튜링 봄베'라는 기계다. '튜링 봄베'로 독일군의 암호를 풀어냈지만 얼마 안 가 독일군이 이를 눈치챘고, '에니그마'를 업그레이드했다. 이 업그레이드된 '에니그마'를 해독하기 위해 만든 것이 바로 '콜로서스'다.

'콜로서스'는 암호해독용으로 개발되었기에 1급 비밀로 분류되어 그동안 공개되지 않았다. 일반적으로 1급 비밀이라고 하면 기본적으로 30년 동안은 비밀이 해제되지 않는다. 30년이 지나면 심사를 거쳐 해제할 것인지 아닌지를 결정하고, 해제가 결정되면 해제해서 공개하는 것이다.

'콜로서스'도 이와 마찬가지였다. 컴퓨터의 성능이 좋지 않은 시대에는 1급 비밀로 묶어둘 수밖에 없었다. 그러던 것이 컴퓨터가 발달함에 따라 PC의 성능이 1970년대 슈퍼컴퓨터의 성능보다 뛰어나게 되었고, 이에 따라 더 좋은 암호해독 기계가 나오게 되었다, 이로 인해 더 이상 '콜로서스'를 1급 비밀로 묶어둘 이유가 사라지게 되었고, '콜로서스'는 세상에 나올 수 있었다. 이것이 '콜로서스'가 잘 알려지지 않은 이유이기도 하다.

'콜로서스'가 나온 지 고작 5년이 지난 시점에서 '인공지능'에 대해서 다룬 것은 놀라운 일이다. 이것은 영화 〈이미테이션 게임〉 초반에 나오는 부분이다. 영화 속 배경은 1952년 경찰서에 잡혀 온 튜링이 녹 형사의 심문을 받는 과정에서 '2개의 서로 다른 방에 인간과 기계가 있고, 이들이 채팅을 할 때 밖에 있는 사람이 인간과 기계를 구분하는 게임(이것이 '이미테이션 게임'이다.)'을 제안한다. 여기서 둘 다 인간이라고 판단하면 기계는 지능을 갖는다고 할 수 있다고 말한다. 이것이 인공지능을 다룬 부분이다.

영화 〈이미테이션 게임〉에 나오는 것이 바로 '튜링테스트'라는 것인데, 사실 이 '튜링테스트'는 불완전한 것이다. 튜링이 생전에 이 테스트를 통과하는 기준을 아예 정해놓지 않았기 때문이다. 그래서 '유진 구스트만'이 튜링테스트를 통과했다고 했을 때 반신반의한 이유가 바로 이것이다. 그럼에도 '튜링테스트'를 무시할 수 없는 이유는 바로 '인공지능'의 문을 열었기 때문이다.

이처럼 인공지능의 역사는 생각보다 깊은 것이다. 튜링이 논문을 쓰고, 이미테이션 게임을 제안할 때는 인공지능, 즉 'Artificial Intelligence'이라는 말을 쓰지 않았지만, 이 논문을 읽어보면 내용이 '인공지능'에 관한 것이라는 것을 알 수 있다. 그래서 '인공지능'의 시초를 앨런 튜링이라고 하는 것이다.

이 외에도 튜링은 1950년에는 〈계산기계와 지능(Computing Machinery and Intelligence)〉, 1951년에는 〈지능을 가진 기계라는 이단적 이론(Intelligent Machinery a Heretical Theory)〉이라는 주제로 맨체스터에서, 〈디지털 컴퓨터가 생각할 수 있을까?(Can Digital Computers Think?)〉라는 주제로 BBC 라디오에서 강연을 했다. 이 논문들과 강연들을 보면 현재 우리가 알고 있는 인공지능의 정의와 이론적 기초의 토대가 되었고, 지금도 인공지능을 연구하는 사람은 튜링을 반드시 연구한다. 이런 점에서 튜링은 '인공지능'의 시초라고 할 수 있다.

본격적으로 'Artificial Intelligence'라는 용어를 쓴 것은 1956년 여름에 다트머스 대학교 하계워크숍에서이다. 여기서 '인간처럼 생각하고, 사고하고, 행동하는 기계'를 인공지능이라고 부르기로 정하면서 '인공지능'이라는 말이 등장했다. 이후 본격적으로 '인공지능'이라는 말이 쓰이게 되었다.

그리고 지금의 컴퓨터 시스템을 설계한 폰 노이만도 인공지능에 관심을 가졌다. 폰 노이만은 1951년 에드박을 개발했는데, 이 컴퓨터는 오늘날 컴퓨터의 모체가 되는 것이다. 에드박과 지금의 컴퓨터는 구동되는 방식이 동일하다. 그래서 오늘날의 컴퓨터를 '폰 노이만 컴퓨터'라고 부르는 것이다.

폰 노이만은 말년에 인공지능에 관해서 연구를 했지만 결실을 보지 못하고 세상을 떠났다. 이를 보면 컴퓨터에 관심을 가지고 컴퓨터 역사에 한 획을 그었던 사람도 인공지능에 관심이 있었다.

이를 보면 알 수 있는 것이 '인공지능'의 역사를 보면 컴퓨터가 나오고 시간이 많이 흐른 뒤에 나온 것이 아니라 거의 동시에 '인공지능'이 나왔다. 물론 그 당시에는 이론적인 부분만 정립되었지만, 이것이 있었기에 인공지능 발전이 가능했다는 점에서 의의가 있다. 이를 본다면 '인공지능의 역사'는 곧 '컴퓨터의 역사'라 할 수 있다.

02

인공지능과 앨런 튜링1

인공지능 하면 '앨런 튜링'을 빼놓고 이야기할 수 없다. '앨런 튜링'이 생소하다면 지난 2014년 개봉한 영화 〈이미테이션 게임〉을 보면 이해할 수 있다. 이 영화에서 베네딕트 컴버배치가 '앨런 튜링' 역으로 나왔다.

튜링은 컴퓨터를 배우는 사람이라면 '전자계산기 기초'라는 과목을 대학교 1학년 1학기 때 배우는데 이 책의 앞부분에 언급이 된다. 여기서 말하는 전자계산기는 다들 알고 있겠지만 '컴퓨터'를 뜻하는 것이다.

컴퓨터 기초를 공부하는 교재에 튜링이 그것도 앞부분에 나왔다면 중요한 인물임에 틀림이 없다. 1912년생 영국에서 태어난 그는 수학과 달리기를 잘했는데 마라톤 풀코스 기록이 2시간 30분대였다고 한다. 만약 마라톤에 전념했다면 하프(1936년 베를린 올림픽 마라톤 은메달리스트)가 아닌 튜링이 베를린 올림픽에서 동갑내기인 손기정 선수와 레이스 대결을 했을 것이다.

튜링은 케임브리지 대학 킹스 칼리지에서 수학을 전공했고, 박사학위를 받기도 했다. 이 학교의 교수로 재직 중일 때 〈계산 가능한 수와 결정문제의 응용에 관하여(On Computable Numbers, with an Application to the Entscheidungs problem)〉라는 논문을 발표한다. 이때가 1935년이다. 이 논문에서 읽기, 쓰기, 제어 이 세 가지 기능만 있으면 계산 가능한 문제를 풀 수 있다고 했다. 이것은 오늘날 컴퓨터의 기본 개념에 해당한다.

그 후 1938년부터 39년까지 미국 프린스턴 대학교에서 연구를 했다. 이때 그는 9살이 많은 천재 폰 노이만을 만난다. 폰 노이만 역시 컴퓨터 역사에 한 획을 그은 사람이기도 하다. 미국에서 돌아온 1939년은 나치 독일이 폴란드를 침공하면서 2차 세계대전이 시작된 때이기도 하다. 이해 9월 블레츨리 파크의 암호해독팀장으로 스카우트된다. (참고로 블레츨리 파크는 영국 정부, 케임브리지 대학, 옥스퍼드 대학 간의 기 싸움의 결과였다. 다들 자신에게 유리한 쪽으로 라디오 공장으로 위장한 암호해독반을 유치하려 했다. 그리고 그 타협안이 중간 위치인 블레츨리 파크였다.) 이 부분이 수상 처칠에게 편지를 써서 자신이 팀장으로 임명된 장면이 나오는 영화 〈이미테이션 게임〉과는 다른 부분이다.

당시 나치 독일은 '에니그마'라는 암호 기계를 사용했는데, 이 기계는 24시간이 지나면 배열이 바뀌게 설계되어 있고, 같은 알파벳이 반복되어도 배열이 바뀌게 설계되어 있다. 'information'이라는 단어가 있다면 오늘 이 단어의 철자에 해당하는 배열이 'jogpsnbukqp'이라면 'jogpsnbukqp'로 바뀌어 전송된다. 여기서 중복되는 철자인 'i, n, o'는 처음에는 'j, o, p'로 바뀌지만 반복된 쪽은 'k, p, q'로 변경되는 식이다. 이것은 24시간이 지나면 바뀌게 되어 있어 해독하기가 힘들었다. 사람의 손으로 해독하면 고작 몇 문장 해독이 전부여서 내용을 제대로 파악할 수 없었다. 실제 에니그마를 해독할 확률이 1해분의 1이다. 이것이 어느 정도냐면 10의 20 제곱이다. 이것을 쉬지 않고 푼다고 하면 2000년이 걸린다. 그래서 사람 손으로 해독을 불가능한 것이다. 이로 인해 연합군은 U보트에 속수무책으로 당할 수밖에 없었다.

이것을 본 튜링은 사람이 손으로는 절대 '에니그마' 암호를 풀 수 없다고 생각했고, 오직 기계로 풀어야 한다고 생각했다. 그 결과 탄생한 것이 영화 〈이미테이션 게임〉에서 친구 '크리스토퍼 모컴'의 이름을 딴 '크리스토퍼'라는 기계로 등장하는 '튜링 봄베'다. '튜링 봄베'를 통해 '에니그마 암호'를 풀 수 있었던 데에는 나치 독일에서 무의식적으로 붙이는 '하일 히틀러'가 결정적이었다. 이 단어는 'h, i, l'이 반복되어 나오기에 배열을 만드는 규칙을 알 수 있었다.

이렇게 푼 '에니그마' 암호는 연합국에서 유용하게 사용했지만, 시간이 지나면서 나치 독일도 이를 눈치채고 업그레이드를 진행했다. 이에 발맞춰 튜링도 '튜링 봄베'를 업그레이드했고, 이것이 1943년에 개발된 최초의 전자식 컴퓨터인 '콜로서스'다. '콜로서스'는 한동안 영국의 1급 비밀로 취급되었기에 1990년대가 되어서야 존재가 공개되었다. 이 때문에 우리는 최초의 컴퓨터를 '에니악'이라고 배웠던 것이다. 이 '콜로서스'로 인해 1,000만 명이 넘는 사람의 목숨을 살릴 수 있었고, 전쟁도 2년가량 앞당겨 끝낼 수 있었다.

1948년 인공지능의 출발점

2차 세계대전이 끝난 후 튜링은 본격적인 컴퓨터 연구에 돌입했고, 1948년 〈지능을 가진 기계(Intelligent Machinery)〉라는 논문을 발표했다. 이 논문에서 "생각하는 기계를 만들 수 있다고 믿을 만한 확실한 이유는 사람의 어떤 부위에 대해서든 이를 흉내 내는 기계를 만들 수 있다는 사실이다. 마이크가 귀를 흉내 내고 텔레비전

카메라가 눈을 흉내 내는 것은 이제 예사다. 서보 메커니즘의 도움을 받아 팔다리로 몸의 균형을 유지하는 원격 조종 로봇도 만들 수 있다."라는 말이 나오는데 이것이 인공지능의 기초적 개념이기도 하다.

그리고 이 논문에는

"지능 기계를 만들고자 한다면, 또한 인간 모형을 최대한 흉내 내고자 한다면, 우리는 정교한 작업을 해내거나 (개입의 형태를 띤) 명령에 똑바로 반응하는 능력이 거의 없는 기계에서 출발해야 한다. 그런 다음 알맞은 개입을 구사하고 교육을 모방함으로써 일정한 명령에 대해 일정한 반응을 어김없이 나타낼 수 있을 때까지 기계를 변경할 수 있을 것이다. 이것의 교육 과정의 시작일 것이다."

라는 내용이 나온다. 이 내용은 바로 '머신 러닝'에 대한 것이다. 지난 2016년 이세돌 9단과 대결했던 알파고가 이 개념에 따라 만들어진 것이다. 알파고는 제로베이스에서 시작해서 인류가 했던 바둑 기보를 학습해서 능력을 향상시켰다는 점에서 이를 적용한 것이라 볼 수 있는 것이다.

더욱 놀라운 것은 튜링이 이 논문에서

"훈련받지 않은 유아의 마음이 지능을 가지려면 훈육(discipline)과 창의(initiative)가 둘 다 필요하다. 뇌나 기계를 만능 기계로 바꾸는 것은 극단적인 형태의 훈육이다. 이렇게 하지 않고서는 올바른 소통 방식을 확립할 수 없다. 하지만 훈육만으로는 지능을 만들어 내는 데 충분하지 않다. 훈육과 더불어 필요한 것을 우리는 창의라고 부른다. 이 진술은 정의 역할을 해야 할 것이다. 우리의 임무는 사람에게서 창의의 성격을 찾아내어 이를 기계에서 시도하고 복제하는 것이다."

라고 주장했다. 이것은 8년 뒤 다트머스 대학교 하계워크숍에서 '인공지능'의 정의를 내리는 데 참고가 되었다. 기계가 인간처럼 사고하고, 행동하기 위해서는 창의성이 반드시 필요하다고 주장하는 것이다. 이것이 있어야 진정한 인공지능을 구현할 수 있다는 것이다. 이 논문을 읽고 난 뒤 1948년에 이 생각을 했다는 자체에 놀라움을 금치 못했다. 지금 읽어도 대단한 논문인 것이다.

영화 〈이미테이션 게임〉의 모티브

1950년 튜링은 〈계산기계와 지능(Computing Machinery and Intelligence)〉이라는 논문을 발표하는데, 이 논문의 주제가 흉내게임, 즉 이미테이션 게임(Imitation Game)이다. 2014년 개봉한 영화 〈이미테이션 게임〉은 튜링이 블레츨리 파크에서 에니그마 암호해독을 하는 시기가 주된 시간적 배경이지만, 인간을 흉내 내는 기계를 생각한 튜링에 대해서 생각해 보는 것도 깔려 있다.

이 영화 초반에 녹 형사의 심문을 받는 튜링이 튜링 테스트를 제안하고, 후반부에는 인간을 흉내 내는 기계를 연구하는 부분이 나오는데, 이것의 모티브가 된 것이 바로 이 논문이다. 이 논문에서

"이 새로운 형식은 흉내 게임(Imitation Game)이라고 부를 수 있을 것이다. 게임에는 남자(A), 여자(B), 질문자(C) 세 사람이 참여한다(질문자는 여자이든 남자이든 상관이 없다.). 질문자는 나머지 두 사람과 격리된 방에 있다. 게임에서 질문자의 목표는 둘 중에서 누가 남자이고 누가 여자인지 알아맞히는 것이다. 두 사람은 X와 Y로 지칭되며, 게임이 끝나면 질문자는 'X는 A이고, Y는 B다.'라고 말하거나 'X는 B이고, Y는 A다.'라고 말한다. 질문자는 A와 B에게 다음과 같은 질문을 던질 수 있다.

C: X께서는 제게 머리카락 길이를 말씀해 주시겠습니까?

만일 X의 정체가 A라면, A는 질문에 답해야 한다. 게임의 목표는 C가 자신을 못 알아맞히게 하는 것이다. A는 이런 식으로 대답할 것이다.

'싱글 컷 단발에 가장 긴 가닥이 20센티미터쯤 돼요.'

질문자가 목소리에서 힌트를 얻지 못하도록 답변은 손으로 쓴다(타자로 치면 더 좋다.). 이상적인 상황은 각자의 방에서 전신 타자기로 통신하는 것이다. 질문과 답변을 제삼자가 중간에서 전달할 수 있도록 할 수도 있다. 게임에서 세 번째 참가자(B)의 목표는 질문

자를 돕는 것이다. 그녀의 입장에서는 사실대로 답하는 것이 최선의 전략이다. '저는 여자예요. 저 남자 말 믿지 마세요!'라고 덧붙일 수도 있겠지만, 이것은 아무 소용이 없다. 남자도 비슷한 말을 꾸며낼 수 있기 때문이다.

이제 원래 질문을 이렇게 바꿔보자. '이 게임에서 기계가 A의 역할을 맡으면 어떻게 될까?' 이렇게 했을 때 질문자가 못 맞힐 가능성은 실제 남자와 여자가 참가했을 때만큼 클까? 이것이 우리의 원래 질문 '기계가 생각할 수 있을까?'를 대처하는 새로운 질문이다."

라는 내용이 나오는데 이 부분이 영화에서 튜링이 녹 형사에게 말하는 부분과 일치한다. 그리고 이미테이션 게임에 참여하는 기계는 디지털 컴퓨터여야 된다고 했다.

어떤가? 소름 돋지 않는가? 1950년이면 우리나라는 한국전쟁이 일어난 해다. 이 시절 인공지능에 대해서 생각했다니 정말 놀랍다.

이 부분은 얼마 전 모 방송사에서 진행한 가수 옥주현과 AI옥주현을 정확히 찾아내는 프로그램의 모태가 되었다. 장막 뒤에서 가수 옥주현과 AI옥주현이 노래를 부르고 방청객과 시청자가 알아맞히는 방식이다. 이것의 개념이 1950년 튜링이 제안한 것이 바탕을 두고 있다.

앨런 튜링은 이 두 논문 외에도 '인공지능'을 주제로 1951년 두 차례 강연을 했다.

03

인공지능과 앨런 튜링2

인공지능의 기초 개념을 정립한 튜링은 1951년 맨체스터에서 〈지능을 가진 기계라는 이단적 이론(Intelligent Machinery a Heretical Theory)〉라는 주제로 강연을 했다. 이 강연에서

"제 주장은 인간 정신의 행동을 매우 비슷하게 흉내 내는 기계를 만들 수 있다는 것입니다. 이런 기계는 이따금 실수를 저지를 것이며 이따금 새롭고 매우 흥미로운 진술을 할지도 모릅니다. 전반적으로 이런 기계가 내놓는 결과는 인간 정신이 내놓는 결과 못지않게 눈여겨볼 가치가 있을 것입니다. 그 가치는 참인 진술의 빈도가 더 클 것으로 기대된다는 사실에 있으며 진술이 정확한지 여

부와는 무관할 것입니다. 이를테면 기계가 어떤 참인 진술이든 조만간 할 것이라고 말하는 것으로는 부족할 것입니다. 그런 기계의 예는 가능한 모든 진술을 조만간 하는 기계일 것이니 말입니다. 우리는 이런 기계를 만드는 법을 압니다. 이런 기계는 참인 진술과 거짓인 진술을 (아마도) 거의 똑같은 빈도로 내놓을 테지만, 그런 판단은 아무짝에도 쓸모가 없을 것입니다. 제 주장을 입증하는 것은 –입증하는 것이 가능하다면– 기계가 조건에 실제로 어떻게 반응하는가일 것입니다.

이 '증명의 성격을 더 꼼꼼히 들여다봅시다. (충분히 정교하게 만든다면) 다양한 시험에 대해 스스로를 매우 훌륭히 설명할 수 있는 기계를 제작하는 것은 충분히 가능합니다. 하지만 이 또한 타당한 증명으로 보기는 힘들 것입니다. 그런 기계는 같은 실수를 거듭거듭 저지름으로써, 또한 스스로를 교정하거나 외부의 주장에 의해 교정되지 못함으로써 실패할 것입니다. 기계가 어떤 식으로든 경험에서 배울 수 있다면 훨씬 안정적일 것입니다. 이것이 사실이라면 비교적 단순한 기계에서 출발하되 적절한 범위의 경험을 부과함으로써, 더 정교하고 훨씬 넓은 범위의 우연성에 대처할 수 있는 기계로 탈바꿈시키지 못할 실질적인 이유는 전혀 없는 듯합니다."

라는 말을 했는데, 이것이 지능을 가지는 기계, 즉 인공지능에 대해서 말하는 부분이다. 물론 이 강연에 참석했던 사람들은 아마도 튜링의 말을 이해하지 못했을 것이다. 컴퓨터가 대중화되지도 않았고, 컴퓨터가 무엇인지도 모르는 사람이 거의 대부분이라 그럴 것이다. 만약 내가 컴퓨터 관련 전공을 하지 않고 튜링의 강연에 참석했다면 무슨 말인지 이해하지 못해 지루했을 것이다.

그럼에도 튜링은 경험을 할 수 있는 기계에 대해서 말하는데, 바로 이것이 인간이 하는 것을 모방하는 것이라 할 수 있겠다. 그리고 이 강연에서 튜링은

"기계는 기억을 내장할 것입니다. 이것은 별로 설명할 필요가 없습니다. 기억은 기계에 주입되거나 기계가 내놓은 모든 진술, 기계가 내놓은 모든 수, 기계가 게임에서 플레이한 모든 카드의 목록에 불과할 것입니다. 정렬은 시간순으로 합니다. 이 단순한 기억 말고도 여러 '경험 색인이' 들어 있을 것입니다. (중략)

그 색인들은 이런 식으로 쓰일 것입니다. 다음에 무엇을 할지 선택할 때마다 현재 상황의 특징을 색인에서 찾는데, 비슷한 상황에서 예전에 어떤 선택을 했고, 그 결과가 좋았는지 나빴는지 발견합니다. 이에 따라 새로 선택을 합니다."

라는 말을 했는데, 이는 지금 컴퓨터의 구동원리와 똑같고, '알파고'가 실제 행하는 구동원리와도 닮아 있다.

기억을 기억하는 것은 프로그램을 내장하는 것이고, 프로그램을 불러내어 순서대로 처리하는 것이 우리가 사용하고 있는 컴퓨터의 특징이다(후에 이것이 폰 노이만에 의해 구현되는데 우리는 이것이 적용된 컴퓨터를 '폰 노이만 컴퓨터'라고 한다.). 그리고 알파고의 특징은 바둑

을 둘 때 비슷한 상황이 나오면 그때 어떤 선택을 했는지 참고해서 어디에 둘지 결정을 한다. 이런 것을 볼 때 이 강연에서 폰 노이만의 현대 컴퓨터와 인공지능의 기본원리를 설명한 것이다. 게다가 그는 어느 순간이 되면 기계가 주도권을 쥐는 상황을 예상해야 한다고 말했다. 이 말 섬뜩하지 않은가? 지금 상황과 거의 유사하지 않은가?

이해 5월 튜링은 영국의 공영방송인 BBC 라디오에 출연해서 〈디지털 컴퓨터가 생각할 수 있을까?(Can Digital Computers Think?)〉라는 주제로 강연을 했다. 이 강연에서 그는

"디지털 컴퓨터가 '만능'이라는 말은 매우 다양한 부류의 기계를 무엇이든 대체할 수 있다는 뜻입니다. 불도저나 증기 기관이나 망원경을 대체하지는 않겠지만, 디지털 컴퓨터와 비슷하게 설계된 계산 기계, 즉 데이터를 입력받아 결과를 출력하는 기계는 모두 대체할 수 있습니다. 우리의 컴퓨터가 주어진 기계를 모방하도록 하기 위해서는 해당 기계가 주어진 조건에서 하는 일, 특히 출력하는 답을 계산하도록 프로그래밍하기만 하면 됩니다. 그러면 컴퓨터가 같은 답을 출력하도록 할 수 있습니다.

어떤 기계를 두뇌라고 부를 수 있을 경우, 디지털 컴퓨터가 그 기계를 모방하도록 프로그래밍할 수만 있다면 디지털 컴퓨터 또한 두뇌라고 불릴 것입니다."

라는 말을 하는데 여기서 '디지털 컴퓨터'와 '기계 두뇌'라는 말

을 사용한다. 우연히도 이해(1951년) 최초의 2진법을 적용한 컴퓨터인 '에드박(EDVAC)'이 나왔다. 이후의 모든 컴퓨터는 에드박이 베이스가 되었다.

그리고 가장 중요한 '기계 두뇌'라는 말은 컴퓨터가 생각을 할 수 있다고 주장하는 것이다. 5년 뒤 다트머스 대학 하계워크숍에서 "인간처럼 사고하고, 행동하는 기계를 인공지능이라고 부르자."고 한 인공지능 정의에 밑바탕이 되었다. 기계를 인간처럼 사고하고 행동하게 하려면 반드시 기계에 인간과 똑같은 원리가 적용되는 두뇌가 필요하기 때문이다.

이 강연에서 튜링은 현재 컴퓨터 기술로 '기계 두뇌'를 구현하는 데 한계가 있다는 것도 명확히 했다. 지금도 그렇지만 '기계 두뇌'가 적용이 되려면 반드시 '자유의지'가 선행되어야 하는데 이것이 쉽지 않은 것이 현실이다. 그는 "뇌처럼 행동하려면 자유의지가 있어야 하지만, 디지털 컴퓨터를 프로그래밍했을 때의 행동은 완전히 결정론적입니다."라는 말을 한다. 이 말은 완벽한 인공지능을 구현하려면 자유의지가 동반되어야 하고, 이것을 구현하는 것은 쉽지 않다는 것이다.

튜링은 1950년대 완벽한 인공지능이 어떻게 구현되어야 할지에 대한 이론적 기초를 제시했다. 이를 바탕으로 인공지능이 지금에 와 있는 것이다.

이 밖에 튜링 지난 1995년 인간과 인공지능 간의 첫 대결이었던 체스에 대한 이론적 기초를 제공하기도 했다. 1953년 비비언 보든이 엮은 《생각보다 빠르게(Faster Time Thought)》라는 에세이에 '기계가 체스를 둘 수 있을까'에 대한 것을 발표했다. 여기서 체스의 특징과 이것을 기계에 프로그래밍해 인간과 대결할 수 있을 정도로 만들 수 있고, 인간을 이길 수 있다고 했다. 놀랍지 않은가? 체스를 두는 인공지능은 1990년대가 아니라 이미 1953년 튜링에 의해 이론이 만들어진 것이다.

이런 튜링의 연구가 있었기에 인공지능이 지금의 위치까지 와 있다고 해도 과언이 아니다. 즉, 인공지능을 말할 때 튜링을 빼놓고는 그 어떤 것도 설명할 수가 없는 것이다. 그만큼 튜링은 큰 족적을 남긴 것이다.

04

인공지능과 폰 노이만

인공지능에 대한 이야기를 하거나 이에 관한 역사를 말할 때 '앨런 튜링'과 함께 반드시 언급되는 사람이 있다. 그는 1903년 오스트리아-헝가리제국에서 태어난 유대인인 '폰 노이만'이다.

'폰 노이만'은 내가 운영하고 있는 유튜브 채널 'Miracle AI Lab'에서 인공지능에 관한 콘텐츠를 다루는 데 가장 많이 언급되는 사람이기도 하다. 그만큼 인공지능에 있어서 폰 노이만을 빼놓고는 말할 수 없다.

폰 노이만은 어린 시절부터 뛰어난 암기력과 계산력을 자랑하였다. 여덟 살에 이미 미적분을 뛰어나게 할 수 있었고, 여러 언어는 물론 고대 그리스어와 라틴어에도 능통했다. 그는 파스토리 김나지움에 입학하는데 여기서도 수학에 뛰어난 능력을 보여준다. 그를 위한 특별한 커리큘럼을 마련한 것만 봐도 알 수 있다. 이 학교를 다니던 12살에 13살이던 유진 위그너에게 정수론을 가르쳐 줬다. 유진 위그너는 1963년 노벨 물리학상 수상자이기도 하다. 사실 위그너가 13살에 정수론은 마스터한 것도 대단한 것이다. 그런데 그걸 가르쳐 준 폰 노이만은 더 대단하다.

25세에는 독일 교수자격시험인 하빌리타치온을 최연소로 통과했다. 폰 노이만은 수학뿐만 아니라 물리학, 경제학 등의 학문에도 지대한 업적을 쌓았다. 이때 발표한 논문이 〈양자역학의 수학적 기초와 집합론의 공리화〉, 〈에르고드 이론의 연구〉, 〈실내 게임 이론〉 등이다. 이로 인해 당대 최고의 수학자로 인정받고, 미국으로 건너가 프린스턴 고등연구소 창립자 4명 중 1명이 되었고, 유일한 20대가 그였다.

그는 1943년부터 맨해튼 프로젝트에 참여해서 원자폭탄 개발에 결정적 역할을 했다. 그가 만든 폭축렌즈(충격파를 굴절시켜 핵분열 연쇄반응을 유도하는 장치다. 렌즈가 빛을 굴절시켜 한군데로 모으듯, 그가 만든 장치가 충격파를 굴절시켜 한곳으로 모이게 한다고 해서 '폭축렌즈'라는 이름이 붙여졌다.)는 나가사키에 떨어진 원자폭탄 팻맨이 제대로 작동하는데 결정적 역할을 했다. 참고로 히로시마에 떨어진 '리틀 보이'는 우라늄으로 만든 폭탄이라 폭축렌즈가 필요 없었지만, 팻맨은 플루

토늄으로 재료로 만들었기 때문에 폭축렌즈가 필요했다. 사실 나가사키에 떨어진 팻맨의 원래 목표는 교토였지만(사실 폰 노이만도 교토를 강력히 밀었다.) 국무장관의 반대로 목표지점이 나가사키로 바뀐 것이다.

이 외에도 1944년 《게임 이론과 경제 행동》을 경제학자 오스카르 모르겐슈타인과 함께 저술하기도 했다. 훗날 이것이 책으로 나왔는데, 이후로 게임 이론 연구를 통해 노벨 경제학상 수상자가 여럿 나오기도 했다. 그리고 그는 DNA, RNA 구조를 처음으로 예견하기도 했다. 이처럼 폰 노이만은 다양한 분야에서 업적을 남겼고, 수학자답게 컴퓨터과학 분야에서도 많은 업적을 남겼다.

폰 노이만은 맨해튼 프로젝트에 참여할 당시 〈전자계산기의 이론 설계서론〉이라는 논문을 발표했는데, 이 논문에서 '프로그램 내장 컴퓨터'를 제안했다. 당시 컴퓨터인 에니악은 사람이 컴퓨터에 다른 일을 시킬 때 전기회로를 모두 바꿔줘야 하는 불편함이 있었다. 이 불편함을 해결하고자 그는 중앙처리장치(CPU) 옆에 기억장치(memory)를 붙이는 방식이다. 즉, 이것은 프로그램과 자료를 기억장치에 저장해 놓았다가 사람이 실행시키는 명령에 따라 작업을 차례로 불러내 처리하는 방식이다. 쉽게 말하면 프로그램 내장 방식은 우리가 컴퓨터를 사용할 때마다 운영체제와 한글이나 파워포인트 같은 프로그램을 설치해야 하는 불편함을 한번 하드 구동 디스크에 설치하면 켤 때마다 설치할 필요 없이 바로 사용할 수 있다는 것이다.

프로그램 내장방식 컴퓨터가 선보인 것은 1949년으로 우리가 학교 다닐 때 컴퓨터가 나온 순으로 '악 삭 박'이라고 외웠던 두 번째, 에드삭이다. 그런데 에드삭은 지금의 컴퓨터와는 달랐다. 에드삭은 10진법을 사용한 컴퓨터이고, 지금처럼 2진법을 사용하는 컴퓨터는 1951년에 나온 에드박이다. 에드박 이후의 모든 컴퓨터는 에드박과 동일한 운영과정을 거친다. 참고로 에드박을 개발한 사람이 바로 폰 노이만이다. 그래서 에드박 이후의 컴퓨터를 '폰 노이만 컴퓨터'라고 부른다.

이렇듯 폰 노이만은 현대 컴퓨터 구조의 한 획을 그은 인물이다. 그렇기에 앨런 튜링과 함께 전공기초인 '전자계산기구조'의 앞부분에 다루는 것이다.

'폰 노이만 컴퓨터'는 인공지능을 이야기하는데 하나의 기준점이 되기도 한다. 그래서 폰 노이만을 빼놓고는 인공지능에 대해서 말할 수 없는 것이고, 내 유튜브 채널에서도 여러 차례 다룬 것이다. '폰 노이만 컴퓨터'의 한계를 넘어서야 진정한 '인공지능'이 될 수 있는 것이다.

'폰 노이만 컴퓨터'의 가장 큰 특징은 연산에 특화되어 있다는 것이다. 폰 노이만 컴퓨터는 '산술연산'과 '논리연산'을 한다. '산술연산'은 덧셈, 뺄셈, 곱셈, 나눗셈의 사칙연산을 하는 것이고, '논리연산'은 참, 거짓을 판단하는 것이다. 여기서 참과 거짓이란 '예/

아니오'로 답하는 것이다. '폰 노이만 컴퓨터'는 이런 연산 기능 외에는 할 수 있는 기능이 없다. 그래서 지금의 인공지능을 진정한 인공지능이라 부를 수 없는 것이다.

이런 한계를 알았기에 폰 노이만은 죽는 순간까지 〈컴퓨터와 뇌〉라는 논문을 썼다. 이것은 컴퓨터의 CPU가 사람의 뇌처럼 움직일 수 있게 하는 것인데, 불행히도 연구 도중 그가 사망했기에 미완성 논문으로 남아 있다. 역사에 '만약'이라는 가정이 없지만 폰 노이만이 조금만 더 오래 살았다면 이미 인간처럼 사고하고 행동하는 인공지능이 나왔을지도 모를 일이다. 아니면 이론적 토대를 만들었을 수도 있는 것이다.

폰 노이만은 지금도 우리가 사용하고 있는 컴퓨터 구조를 만들었다. 아이러니하게도 영화에서나 볼 수 있는 인간처럼 사고하고 행동하는 인공지능을 만들기 위해서는 '폰 노이만 구조'의 한계를 넘어서야 한다. 즉, 지금처럼 산술연산과 논리연산만 하는 컴퓨터로는 절대 인간을 흉내 낼 수 없다는 것이다.

인간은 식사를 하고 더치페이를 계산할 때 사칙연산을 하기도 하고, 무언가 부탁할 때 '예/아니오'로 답하기도 한다. 하지만 '오늘 점심 뭐 먹을래?'처럼 산술연산이나 논리연산 이외의 것도 처리하는데 지금 우리가 볼 수 있는 인공지능은 이것을 처리할 수 없다. 그 이유는 인공지능을 프로그램을 설치하는 컴퓨터에서 사용되는 운영체제에서 찾을 수 있다.

지금의 운영체제를 만든 언어는 1972년에 나온 C언어이다. C언어는 하드웨어 제어가 가능해서 운영체제를 만드는 데 적합하다. 우리가 컴퓨터 제어판에서 설정할 수 있는 키보드, 마우스, 그래픽 가드 등의 기능을 설정할 수 있는 것이 C언어가 가지고 있는 하드웨어 제어기능 때문이다.

운영체제가 '폰 노이만 구조'에 최적화되어 구동되는데 응용프로그램이 이를 뛰어넘을 수는 없다. 쉽게 말해서 2000년대 초반에 나왔던 휴대폰으로는 절대 스마트폰 기능을 넣을 수 없는 것과 같다. 그래서 인공지능을 연구하는 사람들의 화두가 "'폰 노이만 구조'를 어떻게 하면 넘어설 수 있느냐."이다.

인공지능 구현에 있어 반드시 넘어야 하는 것이 '폰 노이만 구조'이기에 '폰 노이만'을 빼놓고 이야기할 수 없는 것이다.

PART 2

ARTIFICIAL INTELLIGENCE

현대 컴퓨터와 인공지능

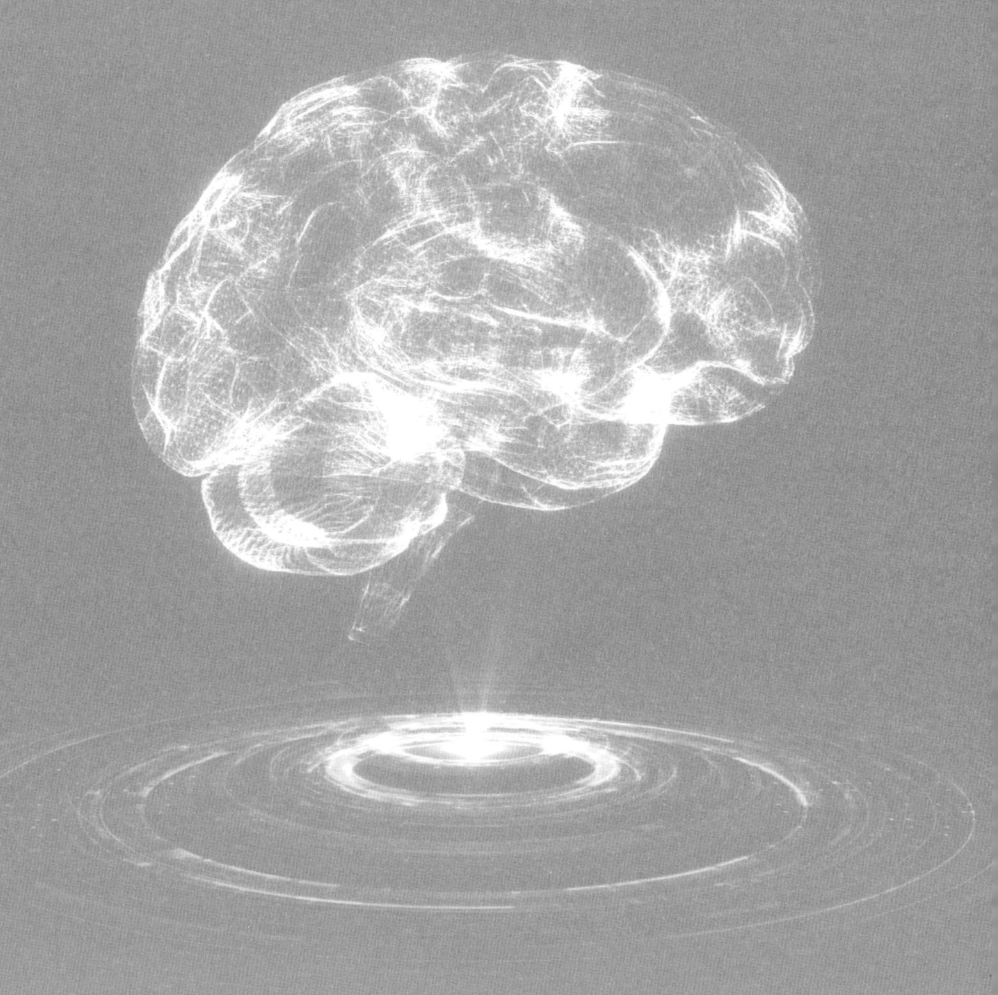

01

긴 겨울잠을 잔 인공지능

긴 겨울잠을 잔 인공지능

1948년 앨런 튜링에 의해 제시되었고, 1956년 다트머스 대학교 하계워크숍에서 정의된 '인공지능'은 1990년대 중반까지 긴 겨울잠에 들어가게 된다. 인공지능이 긴 겨울잠을 자게 된 이유는 이론과 현실의 차이가 커도 너무 컸기 때문이다.

'인공지능'을 구현하기 위해서는 컴퓨터 하드웨어 및 소프트웨어의 성능이 이를 받쳐줘야 된다. '인공지능'이 긴 겨울잠을 잔 시기는 컴퓨터의 성능이 지금에 비하면 보잘것없었다. 단적으로 인간이 컴퓨터와 계산 대결을 해서 이긴 적도 있었다. 폰 노이만이 자신이 만든 에드박과 계산 대결에서 이긴 것은 유명한 일화다. 그렇다면 이 시기 컴퓨터는 어떤 성능을 가지고 있었기에 인공지능을 구현하기 어려웠을까?

지금이야 컴퓨터 기억장치(보조기억장치)는 SSD(Solid State Drive; NAND 플래시 또는 DRAM 등 초고속 반도체 메모리를 저장매체로 사용하는 대용량 저장장치)를 사용하지만 1970년대까지만 해도 자기 테이프를 사용했다. 이것은 비디오테이프나 카세트테이프에 비유할 수 있다.

1990년대까지 초, 중, 고등학교를 다닌 사람은 비디오테이프나 카세트테이프를 잘 알 것이다. 비디오테이프나 카세트테이프는 데이터를 순차적으로 찾는 방식이다. 내가 찾고 싶은 노래를 카세트테이프로 찾으려면 지금 시점을 기준으로 뒤쪽에 있으면 앞으로 돌려야 되고, 앞에 있으면 뒤로 돌려야 된다. 이 과정은 시간이 많이 걸리는 과정이다. MP3를 사용하면 테이프처럼 앞뒤로 돌릴 필요 없이 바로 찾을 수 있다. 이것이 지금의 SSD를 대체한다고 생각해 보라. 어떨 것 같은가?

'인공지능'처럼 빅 데이터를 기반으로 한다면 자기 테이프를 사용하는 것은 더더욱 문제가 된다. 테라바이트 단위의 정보가 자기 디스크에 저장되어있다고 가정한다면(실제로는 저장할 수도 없지만) 원하는 것을 찾는 데 몇 시간이 걸린다. 이렇다면 네이버 클로바 같은 인공지능 스피커는 자료 찾는 데만 오랜 시간이 걸려 절대 내가 필요한 것을 찾아줄 수 없을 것이다. 서태지와 아이들의 '난 알아요'를 찾아서 들려주라고 하면 지금의 인공지능 스피커는 몇 초면 찾아서 들려주겠지만, 이것이 자기 테이프에 저장되어 있다면 '난 알아요'가 나올 때까지 테이프를 돌려야 한다. 이런 상황에서 인공지능 구현은 어려운 것이다.

게다가 인공지능이 긴 겨울잠을 잔 시기에는 인터넷도 발달되지 않았다. 내가 컴퓨터를 처음 접한 것이 초등학교 4학년 때인데, 당시 컴퓨터는 286이었다. 이 컴퓨터에 깔린 운영체제는 MS-DOS였다. 지금 윈도우의 cmd를 클릭해서 들어가면 이를 볼 수 있다. MS-DOS는 지금의 운영체제에 적용된 GUI(Graphical User Interface) 방식과는 다르다. 지금 운영체제는 아이콘을 클릭만 하면 프로그램을 불러올 수 있다. 하지만 MS-DOS는 명령어를 직접 입력하는 방식이다.

Document 폴더에 있는 a라는 파일을 tom이라는 폴더에 복사를 한다고 가정하면 지금은 Ctrl+C, Ctrl+V를 사용해서 쉽게 할 수 있다. 하지만 MS-DOS에서는 명령창에

'copy a C:/tom'이라고 입력해야 한다. 어떤 것이 빨리 복사될 수 있을까? 누가 봐도 전자가 훨씬 빠르다. 이처럼 286은 속도도 느렸지만 인터넷은 불가능했다. 286에는 랜선을 연결하는 단자가 아예 없었다. 또한 하드디스크의 용량은 형편없었고, 휴대용 기억

장치로는 3.5인치 플로피 디스크를 사용했다. 우리가 흔히 '디스켓' 이라고 부르는 것이다. 참고로 용량은 1.44MB였다. 프로그램을 설치하려면 여러 장의 디스켓이 필요했고, 설치하는 데 시간도 많이 걸렸다. 이 시기에는 PC뿐 아니라 서버용 컴퓨터도 지금 PC보다 용량이나 속도 면에서 떨어졌다. 그렇기에 '인공지능' 구현은 엄두도 내지 못했다.

그러던 것이 Windows95가 나오면서 상황이 바뀌게 되었다. Windows95는 지금 운영체제에 비하면 속도가 느리지만 처음 나왔을 때 GUI 방식으로 구현되어서 사용하기가 편리해졌고, 486이라는 CPU(Central Processing Unit; 중앙처리장치)가 나오면서 GUI 방식 구현과 인터넷 사용이 가능해졌다. (참고로 우리가 컴퓨터가 어떤 것이냐 물을 때 486, 펜티엄이라고 말을 한 적이 있는데 이것은 CPU를 가리키는 것이다.) 이때가 바로 인공지능이 긴 겨울잠에서 깬 시기였다. Windows95가 나온 이후로 인터넷 보급 속도가 빨라졌고, 저장장치 또한 하드디스크를 시작으로 CD-ROM, DVD-ROM 등으로 발전이 되었고, 이것이 지금의 USB나 SSD가 나온 계기가 되었다. 그래서 이 시기가 되어서야 인간과 인공지능이 체스 대결이 가능할 수 있었던 것이다.

패러다임의 변화
인공지능을 잠에서 깨우다

1990년대는 인공지능의 새로운 패러다임이 등장했다. 1956년 다트머스 대학교 하계워크숍에서 정의한 "인간처럼 사고하고 행동하는 기계"를 만드는 것은 많은 난관을 뚫어야 했지만 한 가지 능력에 특화된 기계는 만들 수 있게 되었다. 그 대표적인 것이 바로 '체스'다.

인간과 인공지능의 체스 대결은 새로운 것은 아니다. 이미 1953년에 앨런 튜링이 기본적인 토대를 제시했다. 인공지능 체스 프로그램을 어떻게 구현하는지 이 시기에 이론적인 부분은 완성이 되어 있었다. 하지만 하드웨어나 소프트웨어가 이를 수용하지 못했기 때문에 40년 정도 흐른 뒤에 구현된 것뿐이다.

1995년 세계 체스 최고수와 인공지능 간의 대결이 있었는데 이 대결에서 인공지능이 승리하면서 많은 사람들을 놀라게 했다. 그만큼 컴퓨터가 발달이 되었기에 가능했던 것이다. 게다가 이 시기가 인터넷 보급이 확산되기 시작하던 때이다. 물론 이때는 집에서 인터넷을 사용할 수는 없었다. 천리안, 나우누리 등과 같은 PC통신을 주로 사용했지만 전화선을 연결해서 사용하는 것이기에 전화요금이 많이 나와서 부모님께 혼나던 시기였다. 그래서 대학교에서나 인터넷을 사용할 수 있었다. 이것이 1998년을 기점으로 인터넷이 빠른 속도로 보급되기 시작했다. 이때는 오직 유선으로만 인터넷이 연결되던 시대였다.

인간과 인공지능 간의 체스 대결 이후로 인공지능은 활발히 연구되기 시작했다. 여기에다 2000년대 중반을 기점으로 해서 무선 인터넷이 보급되기 시작했고, 아이폰을 시작으로 스마트폰이 보급되면서 인공지능은 전성기를 맞이하게 되었다. 이를 바탕으로 인간과 인공지능의 퀴즈 대결을 시작으로 2016년 이세돌 9단과 알파고 간의 대국이 펼쳐지게 되었던 것이다.

이처럼 1990년대 중반을 기점으로 인공지능이 활발히 연구되었던 이유는 빅 데이터를 처리할 수 있는 저장매체의 발달, 무선 인터넷의 발달과 함께 컴퓨터 자체의 하드웨어나 소프트웨어적 발달이 있었기에 가능했다. 또한, 한 가지 능력에 특화된 기계를 만들자는 패러다임의 전환도 한몫했다. 이런 것 상호 작용을 해서 인공지능을 긴 겨울잠에서 깨어나게 만들었던 것이다.

02

인터넷, 인공지능의 겨울잠을 깨우다

컴퓨터의 탄생과 거의 동시에 태동한 인공지능은 50년 가까이 긴 겨울잠을 자게 된다. 인공지능이 겨울잠을 잔 이유는 컴퓨터의 성능이 좋지 않았기 때문이다. '콜로서스', '에니악', '에드삭'은 그렇다 치더라도 '폰 노이만 컴퓨터'의 시작인 '에드박'을 기점으로 본다면 컴퓨터는 인공지능을 구현하기에는 무리가 있었다.

인공지능은 빅 데이터를 바탕으로 구현되는데 1990년대 초반까지만 하더라도 컴퓨터의 성능이 빅 데이터를 구현하고 활용하기가 어려웠다. 이는 주기억장치와 보조기억장치의 용량을 봐도 알 수 있다. 지금의 주기억장치 용량은 PC만 놓고 보더라고 32GB까지

나온다. 그리고 보조기억장치는 TB(테라바이트) 용량이다.

하지만 1990년대 초반까지만 하더라도 용량이 수백 MB에 지나지 않았다. 게다가 1970년대에는 보조기억장치가 자기 테이프였다. 자기 테이프는 비디오테이프나 카세트테이프라고 생각하면 된다. 내가 원하는 것을 찾으려면 앞으로든 뒤로든 돌려야 했기에 시간이 많이 걸린다. 지금 우리가 원하는 파일을 찾을 때는 검색을 해서 바로 찾을 수 있는 것과는 대조적이다. 이런 상황에서는 빅데이터를 구현할 수도, 활용할 수도 없는 것이고, 인공지능을 구현할 수도 없다.

여기에 더해 인공지능을 구현하려면 반드시 필요한 인터넷망도 보급이 되지 않았다. 지금의 인공지능은 무선 인터넷망을 바탕으로 구현이 되는데 당시에는 무선 인터넷을 고사하고 유선 인터넷도 보급되지 않았다. 이러던 것이 1990년대를 기점으로 변화하게 되었다.

1990년대, 인공지능이 겨울잠에서 깨어나다

50년 정도 긴 겨울잠을 잔 인공지능이 1990년대 마침내 깨어났다. 인공지능이 이 시기 겨울잠을 깬 이유는 하드웨어와 소프트웨어의 비약적인 발전이 있었기 때문이다. 1990년대가 되면서 컴퓨터는 이전과는 비교할 수 없는 저장 용량을 가진 RAM과 하드디스크 등의 장치가 속속 나왔다. 게다가 CD-ROM, DVD-ROM 등의 대용량 휴대용 저장장치까지 나오면서 절정에 달했다.

이와 더불어 이전까지 모니터의 화면이 흑백이었던 것이 이 시기에 컬러로 바뀌었고, 소프트웨어 쪽에서 Windows95가 나오면서 좀 더 고급적인 프로그램이 나올 수 있었다. 이 시점을 기준으로 그래픽도 획기적으로 발전했다. 내가 좋아하는 게임인 축구게임을 보더라도 Windows95 이전에 나온 게임은 선수나 경기장, 관중들의 환호성 등을 제대로 반영하지 못했는데, Windows95를 기점으로 선수들과 경기장은 실물에 가깝게 제작이 될 수 있었다. 이것은 하드웨어 발달과 더불어 소프트웨어 발달이 있었기에 가능했다.

특히나 Windows95 이후로는 문서 작업도 컴퓨터로 가능해지고, 영화나 음악도 컴퓨터에서 재생할 수 있게 되었다. 이로 인해 컴퓨터로 다양한 작업이 가능하게 되었다.

인터넷의 발달, 인공지능이 날개를 펼치다

하드웨어와 소프트웨어 발달과 더불어 인공지능이 날개를 펼치게 한 것은 바로 '인터넷'이다. 운영체제가 이전과 비교해 획기적으로 바뀌고, 네트워크를 연결할 수 있는 하드웨어와 소프트웨어가 발달하면서 우리 삶 속으로 들어올 수 있었다.

1999년까지만 해도 집에서 인터넷을 사용하기에는 부담이 많았다. 지금처럼 무선 인터넷은 고사하고 전용 랜이 깔리지도 않았다. 전화선을 연결해서 사용해야 했기에 요금이 많이 나왔다. 당시에 우리 집에도 컴퓨터가 있었지만 문서 작업이나 인터넷 연결 없이 할 수 있는 게임을 하는 정도였다. 당연히 대학생이라면 매 학기 전에 하는 수강신청도 집에서는 할 수 없고, 인터넷을 할 수 있는 학교 전산실에 가서 해야만 했다. 그마저도 컴퓨터 전공이 아닌 과의 전산실은 속도가 느려서 듣고 싶은 교양 수업을 듣지 못하는 경우도 발생했다. 예나 지금이나 대학교에서 가장 좋은 컴퓨터가 있는 곳은 컴퓨터 전공 학과다.

이것이 변화하게 된 시기가 2000년대 들어서인데, 내가 일병이던 2000년 6월 휴가를 나왔을 때 집에 랜선 작업을 해 굳이 PC방을 가지 않고도 인터넷을 할 수 있었다. 이때 처음으로 학교에서 사용하는 것이 아닌 개인적인 이메일 주소를 가질 수 있었다.

이때를 기준으로 대학교의 컴퓨터과학과나 컴퓨터공학과에서는 인공지능을 커리큘럼으로 편성하기 시작했다. 이때부터 인공지능 연구가 활발하게 진행되었던 것이다. 내가 대학교 3학년 때 인공지능 수업을 들었는데 그때 이미 1995년 인간과 인공지능이 최초로 대결을 했다는 것을 알았다. 대결 종목은 바로 체스였고, 인공지능이 인간에게 이겼다.

인간과 인공지능이 체스를 할 수 있게 되었던 가장 중요했던 것은 바로 인터넷의 발달이다. 온라인으로 대결을 하기 위해서는 무엇보다 서로 연결할 수 있는 네트워크 시스템이 발달되어야 하는데 1980년대까지는 발달이 더뎠고, 1990년대 들어서야 발달할 수 있었다.

인간과 인공지능이 체스 대결을 할 당시의 인터넷은 물론 유선 인터넷이었다. 더 높은 차원의 인공지능을 구현하기 위해서는 유선 인터넷으로는 부족했고, 무선 인터넷망 확충이 필수였다.

지금 이슈가 되는 '자율주행 자동차'에 관한 이야기를 대학교 3학년이던 2003년에 이미 접했다. 당시에는 이론적인 부분을 공부했는데, 그럴 수밖에 없었던 것이 2003년에는 무선 인터넷을 사용할 수 있는 환경이 되지 않았다. 자율주행차는 계속해서 정보를 주고받아야 하는데 차 안에서 유선으로 인터넷으로 연결할 수는 없고, 반드시 무선 인터넷이 발달되어야 했다. 그것도 속도가 지금처럼 빨라야 했다.

사실 자율주행차뿐만 아니라 우리가 운전할 때 없어서는 안 되는 내비게이션도 무선 인터넷이 되지 않으면 제 기능을 하기 힘들다. 내가 운전하는 도로의 제한 속도가 변경되거나 신호체계가 변경되었을 때 즉시 반영하는 것을 볼 수 있는데, 이것도 무선 인터넷이 없으면 안 되는 것이다.

자율주행차도 내비게이션 정보가 바탕이 되어야 하는데 이 역시 무선 인터넷이 없으면 할 수 없는 부분이다. 그리고 우리가 가장 충격을 받았던 2016년 3월 이세돌 9단과 알파고 간의 바둑대결, 이 대결은 한 장소에 모여서 한 것이 아니라 서로 다른 나라에서 진행되었다. 서로 다른 나라, 다른 장소에서 대결할 수 있었던 것은 인터넷 발달, 특히 무선 인터넷이 발달되지 않으면 할 수 없는 것이다.

이처럼 인터넷과 인공지능은 떼려야 뗄 수 없는 관계이고, 인터넷의 발달이 인공지능을 긴 겨울잠에서 깨웠고, 나아가서는 날개를 달아주었다.

03

체스, 인간과 인공지능 대결의 시작

인간과 인공지능이 처음으로 대결한 것은 1995년 체스 대결이다. 이 대결에서 인공지능이 인간 최고수를 이기며 놀라게 했다. 체스를 둘 수 있는 인공지능은 1953년 이미 앨런 튜링에 의해 이론적 근거가 마련이 되었다. 1953년 비비언 보든이 엮은 에세이 《생각보다 빠르게(Faster Than Thought)》에 실린 '체스'에서

"기계가 체스를 두게 할 수 있을까?"라는 질문에는 여러 의미가 있다. 그중 몇 가지를 살펴보자.

i) 체스 규칙을 따르는 기계, 즉 무작위의 적법한 행마를 할 수 있거나 주어진 행마가 적법한지 판단할 수 있는 기계를 만들

수 있을까?

ii) 체스 문제를 푸는 기계, 이를테면 주어진 포진에서 백이 세 수만에 외통수에 걸리는지 알려주는 기계를 만들 수 있을까?

iii) 체스를 적당히 잘 두는 기계, 즉 (특이하지 않은) 일반적 포진에서 2~3분간 계산한 뒤에 꽤 양호한 적법한 행마를 알아내는 기계를 알아낼 수 있을까?

iv) 체스를 둘 수 있으며 게임을 할수록 경험의 도움을 받아 실력이 향상되는 기계를 만들 수 있을까?

라는 질문을 던졌는데, 이 질문들 특히 네 번째 질문은 꽤나 낯익지 않은가? 아마도 어디서 많이 들어봤을 질문이라는 생각이 들 것이다. 그리고 우리는 '경험의 도움을 받아 실력이 향상되는 기계'를 이미 접했다. 그렇다. 다들 예상했다시피 바로 '알파고'가 이러한 기계다. 그리고 네 번째 질문은 우리가 알고 있는 '머신 러닝'과 '딥 러닝'을 말하는 것이다.

이 '머신 러닝'과 '딥 러닝'도 사실 어느 날 갑자기 하늘에서 뚝 떨어진 것이 아니라 튜링이 이론적 토대를 마련했기에 가능한 것이다. 튜링이 1948년 발표한 논문 〈지능을 가진 기계(Intelligent Machinery)〉의 일곱 번째 파트에는

"지능 기계를 만들고자 한다면, 우리는 정교한 작업을 해내거나 (개입의 형태를 띤) 명령에 똑바로 반응하는 능력이 거의 없는 기계에서

출발해야 한다. 그런 다음 알맞은 개입을 구사하고 교육을 모방함으로써 일정한 명령에 대해 일정한 반응을 어김없이 나타낼 수 있을 때까지 기계를 변경할 수 있을 것이다. 이것이 교육 과정의 시작일 것이다."

라는 내용이 나오는데 이 파트의 제목이 '기계 교육'이고, 이것은 '머신 러닝'을 의미하는 것이다.

딥 러닝 같은 경우는 '체스를 둘 수 있으며 게임을 할수록 경험의 도움을 받아 실력이 향상되는 기계를 만들 수 있을까?'라는 질문의 답을 찾는 과정에서 나왔다. 이것을 가장 잘 보여주는 것이 바로 알파고다. 알파고는 인류가 지금까지 해왔던 바둑대국의 기보를 바탕으로 대국을 하면서 실력이 향상되었다. 그 결과 바둑 최고 고수 이세돌 9단과의 다섯 번의 대결에서 네 번을 이길 수 있었던 것이다.

그런데 여기서 드는 의문점이 하나 있다. '왜 인간과 인공지능의 첫 대결을 '체스'로 했을까?'이다. 체스는 미국이나 서양에서 하는 우리나라의 장기와 비슷한 게임이고 경우의 수가 적었던 것이 결정적인 이유였다. 게다가 이미 앨런 튜링이 이론적인 밑바탕을 깔아줬기 때문이다.

무엇보다 체스를 두는 인공지능을 만든 이유는 '경우의 수'다. 바둑의 경우의 수는 10의 170 제곱이다. 체스의 경우의 수는 10의 20 제곱, 즉 1해분의 1이다. 바둑과 비교해 보면 경우의 수가 훨씬 적다. 물론 10의 20 제곱도 많은 숫자지만 10의 170 제곱에 비교하면 엄청나게 적은 숫자다.

게다가 1990년대라면 서양인에게 바둑은 생소한 것이고, 컴퓨터 관련 학문은 서양을 위주로 발전하고 있었기에 바둑 프로그램을 만드는 데는 한계가 있었다. 게다가 바둑 프로그램을 만들려고 하면 바둑에 대해서 정확하게 이해해야 되는데, 바둑을 정확하게 이해하고 있는 프로그래머가 많지 않았기 때문이기도 하다. 바둑은 2000년이 되어서야 서양인들이 접하게 되었기에 인공지능 프로그램을 만드는 것도 그만큼 시기가 늦어진 것이다.

경우의 수가 적으면 프로그래밍을 하는 것도 쉬워진다. 이것은 바둑과 비교해서 체스 프로그램을 만드는 것이 상대적으로 쉽다는 것이지, 결코 쉬운 것은 아니다. 그렇다 하더라도 경우의 수가 적으면 프로그램을 완성하는 데 걸리는 시간도 많이 걸리지 않는다. 이런 이유로 가장 먼저 인간과 인공지능이 체스 대결을 한 것이다.

체스와 바둑의 경우의 수를 비교해 보면 체스는 64개의 칸을 사용해서 말을 이동하는 게임이다. 킹, 퀸, 비숍 등의 말이 어떻게 움직이는지 정해져 있어 상대의 수를 예상 가능하지만, 바둑은 체스와 다르다.

바둑은 가로세로 19×19개의 점에 바둑돌을 두어서 승부를 가리는 방식이다. 즉, 바둑돌이 계속 추가되는 방식이다. 게다가 바둑에는 '덤'이라는 규칙이 있다. 바둑은 흑돌을 잡는 사람이 먼저 두게 된다. 바둑은 먼저 두는 사람이 상당히 유리하기 때문에 나중에 두는 백에게 어드밴티지를 준다. 이것을 덤이라고 하는데, 우리나라 룰은 6집 반이고, 중국 룰은 7집 반이다. 알파고는 중국 룰로 프로그램되었기에 덤이 7집 반이다. 쉽게 말해 백을 잡는 사람이 시작부터 점수를 얻고 가는 것이다. 우리나라 룰이면 6집 반을 얻고 가고, 중국 룰이라면 7집 반을 얻고 가는 것이다.

바둑은 대국이 끝난 후 계수를 해서 몇 집을 얻었는지 계가를 하는데 백돌을 잡은 경우는 덤만큼 더해서 계산을 하는 것이다. 우리나라 룰로 할 때 흑이 이기기 위해서는 최소 본 대국에서 7집을 앞서야 되는 것이다.

바둑과 체스의 가장 두드러지는 차이는 승부를 가리는 방식이다. 체스는 무조건 킹만 잡으면 게임이 끝나지만 바둑은 체스와 다르다. 바둑은 얻은 집의 수에 따라 끝나기도 하지만 '불계'라는 룰이 있다. 이것은 대국 도중(대게는 대국 종반에) 한쪽이 이길 가망이 전혀 없을 때, 즉 계가를 할 필요 없이 일방적인 승부가 날 때 돌을 던져 포기하면 계가를 하지 않고 끝내는 방식이다(물론 접전이면 계가를 해야 승패를 가를 수 있다. 바둑은 반집 차로도 승부가 갈리는 경우가 많다.). 쉽게 말한다면 스타크래프트에서 'GG(Good Game)'를 치는 것과 같다.

즉, 바둑은 말을 움직이는 것이 아니라 점에 돌을 두는 것이기에 경우의 수가 체스보다 훨씬 많다. 그래서 상대의 수를 예상을 하는 것이 더욱 어렵다. 그렇기에 인간과 인공지능의 바둑대결은 2016년이 되어서야 가능했던 것이다.

1995년에 있었던 인간과 인공지능의 체스 대결 이후로 인공지능의 연구가 활발히 진행되기 시작했고, 이것이 2000년대 들어서 만개하기 시작했다. 인간과 인공지능의 퀴즈 대결, 바둑대국으로 이어졌고, 현재 접할 수 있는 인공지능 스피커 같은 인공지능 기능이 탑재된 제품이 나올 수 있었던 것이다.

04

센세이션을 불러일으킨 알파고

알파고의 Key Point 1 - 병렬연결

'인공지능'에 대해서 많은 관심을 가지게 된 계기이자, 인공지능 기능이 탑재된 제품이 나오기 시작한 것은 2016년 3월에 있었던 이세돌 9단과 알파고 간의 대결이 기폭제가 되었다.

세기의 바둑대국이 있기 전 나는 이세돌 9단이 완승을 할 것이라 예상을 했다. 바둑에서 나올 수 있는 경우의 수가 10의 170 제곱이다. 이것은 와 닿지 않은 사람도 있을 것이다. 2차 대전 당시 사용했던 나치 독일의 암호 기계 '에니그마'의 암호를 해독할 수 있는 확률이 1해분의 1이다. 이것은 사람이 24시간 쉬지 않고 해독을 한다고 가정한다면 2000년이 걸린다. 참고로 1해는 10의 20 제곱이다. 1해의 150 제곱이 바둑에서 나올 수 있는 경우의 수에 해당한다. 이것은 아무리 빠른 컴퓨터라고 해도 풀 수 없을 것이라 생각을 했다. 이런 이유로 나는 이세돌 9단이 완승을 할 것이라고 예상을 했다. 물론 이 예상은 완전히 빗나갔다.

알파고가 내 예상을 빗나간 것은 바로 1,200여 대의 슈퍼컴퓨터가 병렬로 연결되어 있었다는 것을 알지 못했던 것이다. 이것은 직렬연결과 비교하면 엄청난 차이가 있다.

직렬연결을 하는 것은 기차에 비유할 수 있다. KTX의 1호차에서 18호차로 가려면 2호차에서 17호차까지 모든 칸을 지나가야 한다. 영화 〈부산행〉의 한 장면을 생각하면 이해하기 쉬울 것이다. 영화에서 남자 주인공이 사랑하는 사람이 있는 칸으로 가기 위해서는 자신이 있던 곳에서 목적지까지 모든 칸을 거쳐 가야만 했다. 기차의 특성상 내가 있는 칸과 가야 할 칸이 다르다면 중간에 연결된 모든 칸을 지날 수밖에 없다. 이렇게 되면 시간이 많이 소요되는 단점이 있다. 즉 일렬로 한 줄 지어서 연결된 것이 직렬연결이다.

컴퓨터에서 직렬연결은 하나의 네트워크에 컴퓨터 여러 대를 일렬로 배치하는 것이다. 이렇게 되면 데이터 처리속도는 느려질 수밖에 없고, 중간에 연결된 컴퓨터 중 하나라도 이상이 생기면 마비가 될 수밖에 없다. 이처럼 직렬로 연결하면 그만큼 효율이 떨어진다.

반면에 병렬연결은 고속도로 톨게이트에 비유할 수 있다. 우리가 톨게이트를 지날 때는 가장 덜 붐비는 곳을 선택해서 지나가지, 모든 곳을 지나가지 않는다. 이것을 컴퓨터에 적용하면 데이터가 덜 붐비는 컴퓨터를 통해서 지나가게 되기 때문에 직렬연결에 비해 속도가 엄청 빠르다. 게다가 연결된 컴퓨터 중 하나가 고장이 나더라도 데이터를 처리하는 데 큰 지장을 받지 않는다는 점에서 직렬연결과는 차이를 보인다. 바로 이것이 병렬연결의 가장 큰 장점이다. 특히나 알파고처럼 슈퍼컴퓨터 1,200대가 병렬로 연결되어 있다면 속도는 말할 필요도 없는 것이다.

이런 알파고를 상대로 4번째 대국을 승리한 이세돌 9단이 새삼 대단해 보이는 것도 이 때문이다. 우리가 흔히 허세를 부릴 때 17대 1로 싸워 이겼다는 말을 종종 하는 데 이세돌 9단은 1200 대 1로 싸워서 이긴 것이다. 그것도 나처럼 평범한 체격을 지닌 사람 1,200명이 아니라 배우 마동석 같은 사람 1,200명을 상대로 해서 이긴 것이다. 이렇게 보면 얼마나 이세돌 9단이 대단한지 알 수 있는 것이다.

알파고의 Key Point 2 - 머신 러닝과 딥 러닝

알파고가 이세돌 9단을 이길 수 있었던 이유는 병렬연결 말고도 '머신 러닝'과 '딥 러닝'이 있다. '머신 러닝'은 말 그대로 '기계학습'을 뜻하는데, "경험적 데이터를 기반으로 학습을 하고 예측을 수행하고 스스로의 성능을 향상시키는 시스템과 이를 위한 알고리즘을 연구하고 구축하는 기술이라 할 수 있다. 머신 러닝의 알고리즘들은 엄격하게 정해진 정적인 프로그램 명령들을 수행하는 것이라기보다, 입력 데이터를 기반으로 예측이나 결정을 이끌어내기 위해 특정한 모델을 구축하는 방식을 취한다."라는 의미를 가지고 있다. (출처 두산백과) 쉽게 말하면 컴퓨터가 학습을 하는 것이다. 알파고도 그동안 인류가 했던 바둑대국의 기보를 바탕으로 학습을 한 것을 본다면 '머신 러닝'이 적용되어 있는 것이다.

'딥 러닝'은 "머신 러닝의 한 분야로 데이터를 컴퓨터가 처리 가능한 형태인 벡터나 그래프 등으로 표현하고 이를 학습하는 모델을 구축하는 연구를 포함한다. 얼굴이나 표정을 인식하는 등의 특정 학습 목표에 대해, 딥 러닝은 학습을 위한 더 나은 표현 방법과 효율적인 모델 구축에 초점을 맞춘다."는 사전적인 의미를 가지고 있다. 쉽게 말해서 더 나은 방법을 찾기 위해 스스로 학습하는 것이다. 알파고를 보면 상대가 두는 수에 따라 이길 수 있는 최선의 방법을 찾는다는 점에서 '딥 러닝'이 적용되어 있다.

'딥 러닝' 기술은 알파고 이후에 나온 '알파고 제로'에 더 두드러지게 나타난다. '알파고'는 바둑의 룰을 입력하고 기보를 통해 학습을 했다면, 알파고 제로는 오직 바둑 룰만 입력하고 다른 기계와 대결을 통해 학습하는 방식이다. 이것을 본다면 알파고 제로가 한 단계 더 진화한 것이다.

이세돌 9단과 알파고의 대결 이후 머신 러닝과 딥 러닝이 적용된 기계가 속속 출시되고 있다. 이 세기의 대결 이후로 인공지능 기능이 탑재된 기계가 쏟아져 나오고 있다는 점에서 알파고는 인공지능이 우리 삶 속으로 들어오는 분기점이 되었다.

알파고의 Key Point 3 – 빅 데이터

이세돌 9단과의 대결에서 '알파고'가 네 번이나 이길 수 있었던 이유 중 가장 핵심은 '빅 데이터'다. '알파고'는 '머신 러닝'과 '딥 러닝' 기술을 바탕으로 학습을 하면서 능력을 향상시키는 구조다. '알파고'가 이세돌 9단을 이기기까지는 인류가 지금까지 기록한 모든 바둑대국의 데이터가 컴퓨터에 저장이 되어 있었기 때문이다.

제아무리 '알파고'라고 해도 컴퓨터에 데이터가 하나도 없으면 갓난아기와 같다. 데이터가 있어야 이것을 바탕으로 학습을 해서 성장을 할 수 있는 것이다.

이것은 비단 '알파고'뿐만 아니라 모든 인공지능은 '빅 데이터'가 있어야 가능하다. 알파고 이전에 대결을 했던 '체스'나 '퀴즈'도 마찬가지다. '빅 데이터'가 없다면 인간과 대결을 할 수 없고, 설령 대결을 한다고 하더라도 인간에게 질 수밖에 없다. 그만큼 인공지능을 구현하는 데 있어서 '빅 데이터'는 핵심 중의 핵심이다. 데이터베이스(Data Base; DB)에 저장된 데이터가 많으면 많을수록 이를 학습할 수 있고, 인간과 대결할 수 있게 되는 것이다.

'알파고' 이후 인공지능 기능을 탑재한 제품이 쏟아져 나오는 이유는 그만큼 데이터베이스 구축이 잘 되어 있을 뿐만 아니라 저장된 데이터의 양도 엄청나게 많아졌기 때문이다.

'알파고' 이후 인공지능 기능이 탑재된 제품이 쏟아져 나온 것은 알파고가 보여준 인공지능의 효과이기 때문일 것이다. '알파고'가 있었기에 지금 우리가 볼 수 있는 '인공지능' 제품도 사용할 수 있는 것이다.

PART 3

ARTIFICIAL INTELLIGENCE

현재 인공지능의 한계

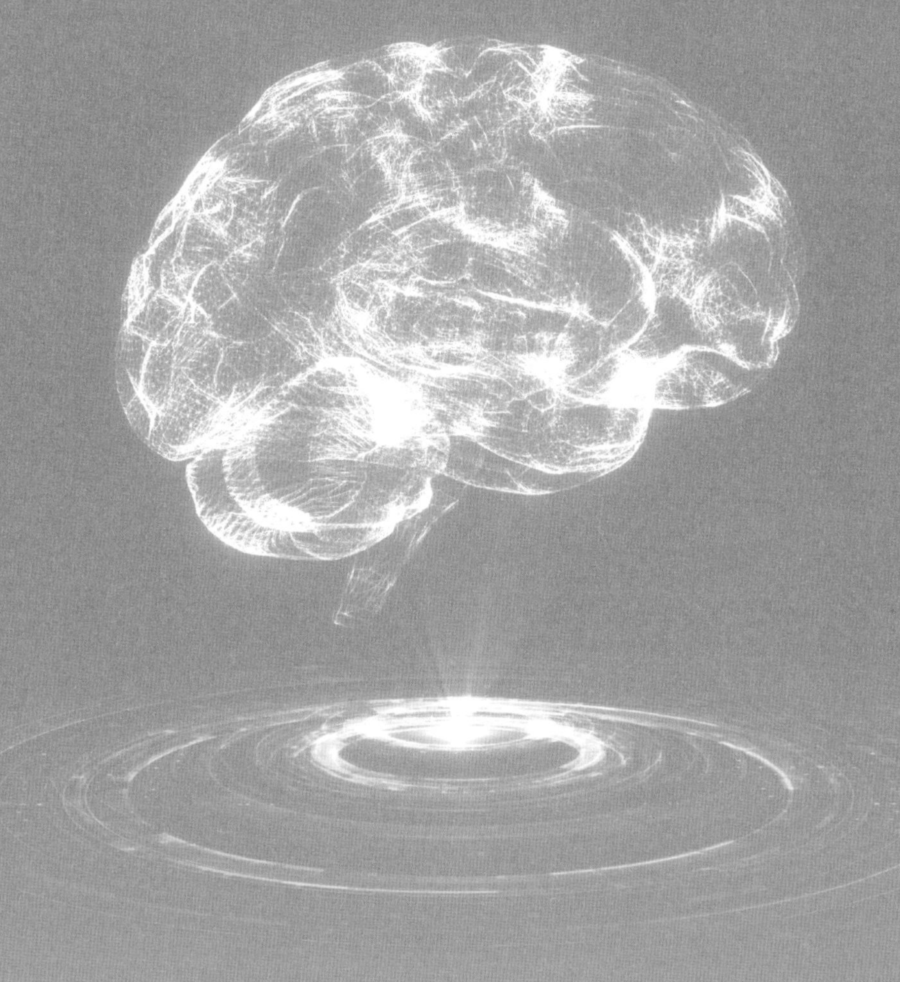

01

폰 노이만 컴퓨터에서의 인공지능

'알파고' 이후로 '인공지능'이 우리 생활 속으로 들어오고 있다. 지금이야 인공지능의 일부 기능이 있는 기계가 주류를 이루고 있지만, 얼마 안 가 영화에서 보는 것과 같은 '인간처럼 사고하고 행동하는 인공지능'이 나올 것이라 생각하고 있다. 이 때문에 '인공지능'이 인간을 지배하지 않을까 하는 불안감이 생기는 것도 사실이다.

하지만 지금의 '인공지능' 시스템으로는 1956년 다트머스 대학교 하계워크숍에서 정의한 '인간처럼 사고하고 행동하는 인공지능'은 구현하기가 힘들다.

'폰 노이만 컴퓨터'에서 인공지능의 한계

우리가 지금 접하는 인공지능은 어떻게 보면 진정한 인공지능은 아니다. 이는 인공지능 스피커뿐만 아니라 알파고도 마찬가지이다. 지금 우리가 볼 수 있는 인공지능은 '폰 노이만 컴퓨터'에서 구현된 것이기에 진정한 인공지능이라 할 수 없다.

'폰 노이만 컴퓨터'는 1951년에 나온 '에드박' 이후의 모든 컴퓨터를 일컫는 말이다. 다른 말로 하면 컴퓨터는 1951년 이후로는 바뀐 것이 전혀 없다는 것이다. 이 이야기를 하면 1990년대까지만 해도 할 수 없었던 인터넷 뱅킹이나 유튜브 등 컴퓨터로 다양한 것을 할 수 있는데 왜 바뀐 것이 없냐고 반문할 수도 있다. 그런데 에드박과 지금의 컴퓨터를 비교하면 바뀐 것은 없다.

에드박이나 지금의 컴퓨터나 프로그램 내장방식으로 움직인다. 프로그램이 컴퓨터에 설치되어 있고, 순서대로 불러내서 작업하는 것이 '프로그램 내장방식'이다. 이것을 최초로 제안한 사람이 '폰 노이만'이기 때문에 이런 방식을 사용하는 컴퓨터를 '폰 노이만 컴퓨터'라고 부르기도 한다.

게다가 에드박이나 지금의 컴퓨터는 '입력장치', '출력장치', '제어장치', '연산장치', '기억장치'로 이루어져 있다. 즉, '폰 노이만 컴퓨터'는 계산만 가능한 고성능 계산기에 지나지 않는다는 것이다. '폰 노이만 컴퓨터'에는 연산장치가 있어 계산을 할 수 있다. 여기서 '연산'은 '산술연산'과 '논리연산' 두 가지로 나뉜다. '산술연산'은 '덧셈, 뺄셈, 곱셈, 나눗셈'의 사칙연산이고, '논리연산'은 '예/아니오'로 답하는 것이다.

'폰 노이만 컴퓨터'는 사칙연산 외에 '예/아니오'로 답할 수 있는 것만 처리할 수 있다. 이것이 인간과의 결정적인 차이다. 우리가 일상에서 하는 대화 중에 '예/아니오'로 답할 수 있는 것도 있지만, 그렇지 않은 것도 있다. '점심 뭐 먹을래?', '어디서 커피 먹을래?'처럼 '예/아니오'로 답할 수 없는 것도 있다. 즉, '언제, 어디서, 누가, 무엇을, 어떻게, 왜'와 같은 육하원칙으로 질문하는 것은 오직 인간만이 답할 수 있는 것이다. 이런 말을 하면 또 "알파고는 '예/아니오'로 답할 수 있는 것 이외의 것도 처리 가능한 것이 아니냐?"라고 주장할 수 있다. '알파고'도 '예/아니오'로 답하는 것만 처리가 가능하다.

알파고가 구동하는 방식은 이렇다. 바둑판은 가로 19줄, 세로 19줄로 구성되어 있고, 체스처럼 면을 사용하는 것이 아니라 점을 사용한다. 바둑판에서 점은 361개인데 이것을 좌표로 표현할 수 있다. 알파고가 구동되는 것은 "좌표(17, 15)에 두면 유리한가?"라는 질문을 하고 유리하면 여기에 두고, 불리하면 "좌표(17, 16)에 두면 유리한가?"라는 질문을 하게 된다. 이런 질문을 통해 '예'라는 답이 나올 때까지 반복해서 그 값이 나오면 그 자리에 바둑돌을

두는 방식이다. 이것을 코딩 알고리즘으로

if 좌표(17, 15)에 두면 유리한가? than 여기에 둔다

else if 좌표(17, 16)에 두면 유리한가? than 여기에 둔다

⋮

⋮

else 좌표 (19, 19)에 둔다.

라고 표현할 수 있다. 즉, '알파고'는 빠른 속도로 수를 계산하는 것이지 인간처럼 사고하는 것은 아니다.

'알파고'가 생각하는 것이 아니다라는 것을 보여주는 것이 우리가 바둑을 둘 때 불리하면 한 번씩 한 수 물려달라는 말을 하곤 하는데 알파고는 이런 말을 스스로 할 수 없다. 게다가 인간은 룰을 변경하는 것이 가능하지만 알파고는 스스로 룰을 변경하는 불가능하다. 지난 2018년 러시아 월드컵에서 우리는 VAR(Video Assistance Referees)에 울고 웃었다. 조별리그 1차전이 스웨덴전에는 VAR이 없었다면 페널티킥으로 실점하지 않았을 것이다. 반대로 조별리그 3차전 독일전에서는 VAR이 아니었다면 김영권의 골을 도둑맞을 뻔했다. 그렇다면 왜 FIFA(Fédération Internationale de Football Association; 국제축구연맹)에서 VAR을 도입했을까?

FIFA에서는 판정논란을 줄이고자 VAR을 도입했고, 경기 흐름에 지장을 주지 않게 골 상황, 페널티킥, 오프사이드, 퇴장 상황이라고 생각할 때에 한해서 시행이 된다. 그런데 알파고 같은 인공지

능은 이처럼 룰을 변경하거나 새롭게 도입하는 것은 불가능하다. 이것은 알파고가 육하원칙이 들어가는 질문에는 답을 못하기 때문이다.

폰 노이만 컴퓨터는 창조가 불가능하다

언론을 통해 인공지능이 음악을 작곡하고, 그림을 그리고, 소설을 쓴다는 기사를 접했다. 이것을 보고 놀란 사람이 있겠지만 사실은 진정한 창조라고 볼 수 없다. 인공지능이 소설을 쓴 것은 '빅데이터'에 저장이 되어 있는 소설들에서 문장을 가져와 짜깁기한 것이다. 음악을 작곡하고 그림을 그리는 것도 마찬가지다. 우리는 짜깁기하는 것을 창조라고 하지 않는다. 기존의 것을 바탕으로 새롭게 만드는 것을 창조라고 하는 것이다.

얼마 전 뮤지컬 〈노트르담 드 파리 프렌치 오리지널 내한 공연〉을 관람했다. 뮤지컬 〈노트르담 드 파리(Notre Dame de Paris)〉는 빅토르 위고의 동명 소설 《노트르담 드 파리》를 재구성한 것이다. 소설을 바탕으로 해서 음악을 작곡하고 이것을 뮤지컬로 만든 것인데, 이런 것을 지금의 인공지능은 할 수 있을까? 결론부터 말하자면 불가능하다. 작곡은 창작의 분야이고, 감성적이고 이성적인 분야인데 이것은 짜깁기로는 할 수 없다. 오직 인간만이 가능한 것이다. 특히 이 뮤지컬의 가장 유명한 음악인 '대성당들의 시대(Le temps des cathedrales)'의 가사 내용은 빅토르 위고의 소설에는 직접 표현되어 있지 않다. 이 부분을 인지하고, 가사로 만드는 것은 오직 인간만이 가능하다. 특히나 1482년의 감성을 표현하는 것은 인간만이 가능하다. 인간은 그 시대를 살지 않았더라도 기록을 통해 느끼고 공감하는 것이 가능하지만 인공지능은 이것이 불가능하다.

또한 인공지능은 아무리 많은 데이터를 가지고 있다고 하더라도 서로 간의 공통점이 없다면 무용지물이 된다. 하지만 인간은 이것을 가지고 새로운 것을 만드는 것이 가능하다. 2010년과 셜록 홈즈는 어떠한 공통점도 없어서 인공지능은 이 둘을 가지고 아무것도 할 수 없다. 셜록 홈즈는 아서 코난 도일이 쓴 추리소설 속의 주인공인데, 셜록 홈즈의 배경은 19세기 영국이다. 19세기와 2010년은 공통점이 없어서 인공지능은 새로운 것을 만들 수는 없다.

인간은 인공지능과 다르다. '21세기의 셜록 홈즈라면 어떻게 사건을 해결했을까?'라고 생각을 할 수 있다. 21세기의 홈즈라면 19세기처럼 우편을 통해 편지를 주고받는 것이 아니라 이메일을 사용하고, 아이폰이나 아이패드 등 스마트기기 사용이 능할 것이라는 설정을 할 수 있다. 또한 소설 속 홈즈는 이동수단이 마차와 증기기

관차인데 21세기면 자동차를 운전할 수 있고, 비행기로 이동을 하고, 나아가서는 비행기를 조종할 수 있다고 설정할 수 있다. 이것은 영국의 BBC 드라마 시리즈 〈셜록〉을 통해 실제로 확인할 수 있다. 하지만 지금의 인공지능, 즉 폰 노이만 컴퓨터에서 인공지능은 이것이 불가능하다.

폰 노이만 컴퓨터는 상상하는 것이 불가능하다

'권율'하면 '행주대첩', '행주대첩'하면 '행주치마'를 떠올린다. 하지만 '행주대첩'과 '행주치마'는 전혀 관련이 없다. 우리가 '행주대첩'을 배울 때는 임진왜란 당시 권율 장군이 행주산성에서 일곱 차례에 걸쳐 왜군의 공격을 막아낸 것이라고 배웠다. 특히나 일곱 번째 왜군의 공격을 막아낸 것은 화살이 떨어지자 여성들이 행주치마에 돌을 날라주고, 그것을 성 위에서 아래로 던져서 왜군을 물리쳤다고 생각을 한다. 그래서 '한국을 빛낸 100명의 위인들'이라는 노래에 '행주치마 권율'이라는 가사가 나온다.

행주대첩은 일곱 번의 걸친 왜군의 공격을 막아낸 것은 사실이지만 왜군의 일곱 번째 공격을 막아낸 건 행주치마가 아니라 조선

수군이다. 행주산성은 2겹의 목책이 있었고, 이 덕택에 왜군의 공격은 여섯 번을 막아낼 수 있었다. 일곱 번째 공격에 목책은 완전히 뚫리고, 조선군의 활은 떨어졌다. 그때 한강 하구에서 여러 척의 판옥선이 올라왔고, 이것을 본 왜군이 이순신이 온 것이라 생각하고 도망을 쳤던 것이 진짜 행주대첩의 일곱 번째 공격의 결과이다. 게다가 행주산성 주위 10리에는 민가도 없어서 일반 백성들이 행주산성으로 피난 오지도 않았다.

한강을 거슬러 올라온 조선 수군은 전라 좌수영 소속이 아니라 충청수영 소속이었다. 이들의 목적은 권율 장군에게 화살을 전해주러 왔던 것인데, 왜군 입장에서는 말로만 듣던 조선 수군이 올라오니 놀라서 도망칠 수밖에 없었던 것이다. 이 기록은 《선조실록》에 나와 있다.

'행주산성'과 '행주치마'는 '행주'라는 단어가 들어가 있어서 이런 이야기가 만들어진 것이다. 산성의 이름이 '행주산성'이 아니었다면 '행주치마' 이야기도 나오지 않았을 것이다, '행주대첩'에서 '행주치마' 이야기는 상상력에 의해서 쓴 것이 아닐까 생각한다. 이렇게 상상을 할 수 있는 것은 인간이기에 가능하다. '행주대첩', '행주산성'의 '행주'를 보고 '행주치마' 이야기를 만들어내는 것은 인공지능이 할 수 없는 것이다.

인간의 언어를 완전히 이해하지 못하는 '폰 노이만 컴퓨터'

내가 최신 뉴스를 듣고 싶어서 AI스피커에게 "최신 뉴스 찾아줘."라거나 "최신 뉴스 거시기."라고 하면 최신 뉴스를 찾아준다. 이렇게 보면 인공지능이 '거시기'라는 단어를 알아듣는 것이라 생각을 할 수 있다. 하지만 "최신 거시기."라고 하면 "잘 못 알아듣겠습니다."라는 답을 한다. 인공지능은 '거시기'라는 단어를 정확히 이해하지 못한다는 것이다. 그러면 인간을 어떨까?

나는 조카에게 "창문 좀 거시기 해라."라고 말한 적이 있는데, 조카는 창문이 닫혀있고, 말은 안 해도 환기시키는 목적이라는 것을 알고 창문을 열었다. 인간은 상황을 판단해서 거시기가 무엇을 뜻하는지 유추해 낸다. 혹여나 이해를 하지 못하면 "창문 열면 되느냐?"고 되묻기도 한다. 인공지능 스피커는 이것을 이해하지 못한다.

또한 영화 〈황산벌〉에서 신라군이 백제군의 암호를 푸는 장면이 묘사되는데 여기서 가장 핵심이 되는 단어가 바로 '거시기'이다. 이 '거시기' 때문에 신라군은 백제군의 암호를 푸는 데 애를 먹는다. '거시기'라는 단어는 여러 번 등장하는데 각각의 '거시기'는 다른 의미를 가지고 있다. "방 안 공기가 거시기 하니까 창문 좀 거시기 해야 되겠다."라는 말을 한다면 앞의 거시기는 공기가 탁하다는 뜻이고, 뒤의 '거시기'는 창문을 연다는 뜻이다. 거시기는 문장에서 각각 다른 것을 의미하기도 하는데, 인간은 문맥과 상황을 보고 이해를 하지만 인공지능은 전혀 이해를 하지 못한다. 여기에는 '거시기'가 "이름이 얼른 생각나지 않거나 바로 말하기 곤란한 사람 또는 사물을 가리키는 대명사"라는 뜻이 있기 때문이다.

'거시기'라는 단어 외에도 이해하지 못하는 단어가 여럿 있는데 대표적으로 '적당히'라는 단어가 있다. 내가 요리를 할 때 가끔씩 듣는 말이 "소금 적당히 넣어라.", "간장 좀 적당히 넣어라."는 것이다. 그런데 적당히는 어떤 정도일까? 이것은 개인마다 느끼는 것이 다르다. 어떤 사람은 티스푼으로 3분의 1 정도가 적당하다고 생각하지만 또 다른 사람은 절반 정도가 적당하다고 생각하는 사람도 있다.

요리뿐만 아니라 시장에서 물건을 살 때 특히 전통시장에서 물건을 사면 적당히 달라는 말을 하는데, 이것을 가지고 흥정을 하는 경우가 많다. 물건을 사는 사람 입장에서는 하나라도 더 끼워 넣고 싶을 것이고, 반대로 파는 사람 입장에서는 하나라도 덜 끼워 넣으려고 하기 때문이다. 즉, '적당히'라는 단어는 고기 1인분이 200g처럼 정확한 값이 정해져 있지 않다. 이 때문에 인공지능은 이해하지 못하는 것이다.

인공지능은 뜻이 모호하거나 정확한 뜻이 없는 단어는 절대 이해할 수 없다. 그래서 인간의 언어를 이해할 수 없는 것이다. 앞서 말했던 "최신 뉴스 거시기."라고 말할 때 인공지능 스피커가 찾아 읽어주는 것은 '최신 뉴스'라는 확실한 단어가 들어가 있기 때문이다. 그렇지 않고 '최신 거시기'라고 하면 뜻이 모호해져 찾아서 읽어줄 수 없는 것이다.

인간처럼 사고하고 행동하는 인공지능이라면 당연히 인간의 언어를 이해할 수 있어야 하는데 지금의 인공지능은 그렇지가 못하다.

02

현실의 인공지능과 영화 속 인공지능

내가 본 인공지능이 등장한 최초의 영화는 아널드 슈워제네거가 주연을 맡은 〈터미네이터〉 시리즈다. 영화 속 터미네이터는 인간이 아닌 인공지능이다. 인간처럼 감정을 가지고 사고하고 행동하는 인공지능을 묘사했다. 이 영화에서 인공지능은 인공지능이 등장할 때 느끼게 되는 인간의 불안을 잘 묘사했다. 그리고 인공지능의 부정적인 면을 묘사하기도 했다. 영화 중에는 〈터미네이터〉처럼 인공지능의 부정적인 면을 묘사한 영화도 있지만 그렇지 않은 영화도 있다.

영화 〈아이, 로봇〉에는 인간처럼 감정을 가지고 인간과 공감하는 인공지능이 등장한다. 이 영화는 내가 대학교를 다니던 시절에 개봉을 했고, 이때는 인공지능을 공부했던 시기였다. 물론 현실과는 차이가 있었지만 이 영화를 보면서 이런 '인공지능'이 있다면 좋을 것 같다는 생각을 한 적이 있었다.

〈아이, 로봇〉 이외에도 이전에 개봉한 영화인 〈에이 아이(A.I.)〉 역시 인공지능에 관한 영화다. 이 영화에서도 인간처럼 감성은 가진 인공지능이 등장을 한다. 이런 영화는 인공지능의 좋은 면을 부각한 면이 있긴 하지만 인간이 원하는 인공지능이 무엇인지 보여준 것이기도 하다.

여기서 궁금한 것이 '영화 속 인공지능은 현실 속에 어느 정도 구현이 되어 있을까?'이다. 영화 속 인공지능이 현실 속에서는 거의 구현되어 있지 않다고 해도 무방하다.

영화 속 인공지능과 현실 속 인공지능의 차이

현실 속 컴퓨터 시스템에서 영화에서 볼 수 있는 인공지능을 구현하는 것은 불가능에 가깝다. 영화에서 보는 인간처럼 사고하고, 행동하고, 공감할 수 있는 인공지능은 '폰 노이만 컴퓨터'에서는 구현할 수 없다. '폰 노이만 컴퓨터'는 이진법 체계로 구성되어 있고, 프로그램이 내장되어 있어, 필요할 때 재설치 없이 불러올 수 있는 방식이다. 이 컴퓨터로 할 수 있는 것은 입력, 출력, 기억을 제외하면 제어와 연산이다. 그중 가장 핵심적 기능은 연산을 하는 것이다. 연산만 할 수 있는 기계가 인간처럼 공감하고 사고할 수는 없다.

여기에 폰 노이만 컴퓨터에서 사용하는 운영체제는 인간처럼 사고하고, 행동하고, 공감하는 것을 아예 지원할 수 없다. 우리가 사용하는 운영체제는 C언어로 만들어졌고, 미세한 부분은 어셈블리어로 코딩이 되어 있다.

C언어는 1972년 데니스 리치와 켄 톰슨이 하드웨어에 관계없이 구동할 수 있는 운영체제를 제작하기 위해 개발한 프로그래밍 언어다. 이전까지는 운영체제를 어셈블리어로 제작을 했다. 어셈블리어는 하드웨어 제어가 가능한 장점이 있지만, 코딩을 했을 때 길이가 길어지고, 각 하드웨어에 맞게 제작을 해야 했다. 내가 삼성 노트북을 사용한다면 삼성 노트북에 맞게 코딩을 해야 되고, LG 노트북을 사용한다면 이에 맞게 코딩을 해야 되는 단점이 있다.

이것을 해결하고자 만든 것이 C언어이고, C언어를 고급언어라고 부르지만 중급언어라고 부르는 이유가 고급언어기능도 가지고 있고, 저급언어인 어셈블리어처럼 하드웨어 제어가 가능하기 때문이다. 우리가 Windows 운영체제에서는 제어판에 들어가면,

MacOS 운영체제에서는 설정에 들어가면 키보드, 마우스 등 하드웨어를 제어할 수 있는 것만 봐도 알 수 있다.

C언어 코딩의 가장 큰 특징은 '예/아니오'로 답할 수 있는 것만 처리할 수 있다. 가장 많이 사용하는 C언어의 구문이 if문, for문이다. 이들 구문을 풀어보면 if문 같은 경우는

```
if 점수 〉= 95 than
        학점 = 'A+';
else if 점수 〉= 90 and 점수 〈 95 than
        학점 = 'A';
else if 점수 〉= 85 and 점수 〈 90 than
        학점 = 'B+';
else if 점수 〉= 80 and 점수 〈 85 than
        학점 = 'B';
else if 점수 〉= 75 and 점수 〈 80 than
        학점 = 'C+';
else if 점수 〉= 70 and 점수 〈 75 than
        학점 = 'C';
else if 점수 〉= 65 and 점수 〈 70 than
        학점 = 'D+';
else if 점수 〉= 60 and 점수 〈 65 than
        학점 = 'D';
```

```
else
        학점 = 'F';
```

로 코딩할 수 있다. 여기서 'if 점수 〉= 95 than'은 점수가 95점이 넘느냐 아니냐를 판단하는 것이다. 즉, '예/아니오'로 답하는 부분이다. for문도

```
int i;


for(i=0; i〈5; i++)
{
        printf("i : %dn", i);
}
```

위처럼 코딩을 할 수 있는데 'i'가 0에서 4까지 숫자가 하나씩 증가하면서 'i' 값을 출력하는 것이다. 출력결과는

```
i=0
i=1
i=2
i=3
i=4
```

이렇게 나오고, 'i'가 5가 되면 for문을 빠져나가는 구조다. for문도 'i'가 0~4의 숫자인지 아닌지 판단해서 프로그램을 실행하

는 것이다. 이것 또한 '예/아니오'로 판단하는 것이다.

이처럼 C언어는 산술연산과 논리연산으로 이루어져 있다. 이런 프로그래밍 언어로 만든 운영체제에서 인간처럼 사고하고, 행동하고 감정을 가지는 인공지능을 구현하는 것은 불가능한 것이다.

쉽게 이야기해서 내가 어린 시절에 집에 있던 브라운관 TV에서 HD 방송을 시청하는 것이 불가능한 것과 같다. HD 방송을 제대로 시청하기 위해서는 LED TV 정도는 있어야 하는 것과 같은 것이다. 즉, 운영체제가 '예/아니오'로 답하는 것과 사칙연산만을 처리하는 데 응용프로그램이 이를 뛰어넘을 수는 없는 것이다.

현실 속 인공지능은 인간을 흉내 낼 수 없다

'바람이 불어오는 곳'이라는 노래는 여러 가수들이 불러서 다양한 버전이 존재한다. 나처럼 30대 후반 이후의 사람들은 대부분 이 노래하면 떠오르는 가수는 '김광석'일 것이다. 우리는 이 노래를 틀 때 듣고 싶은 사람의 나이에 맞는 가수가 부른 버전을 찾아서 들려주는데, 인공지능은 할 수 있을까? 할 수 없다.

빅 데이터에 김광석이 부른 버전을 자주 들려줬다는 기록이 있으면 이것을 1순위로 들려줄 수는 있지만, 그렇지 않다면 다른 가수가 부른 버전을 찾아서 들려준다. 듣고 싶은 사람의 의도와 관계없이.

이런 부분이 현실 속 인공지능이 공감을 하지 못한다는 것이다. 얼마 전 나는 '넌 언제나'가 듣고 싶어서 인공지능 스피커에게 찾아서 들려달라고 했는데, 제이레빗이 부른 버전을 들려줬다. 나와 비슷한 나이대의 사람이라면 원곡인 모노가 부른 '넌 언제나'를 듣고 싶었는데, 인공지능 스피커는 가장 많이 재생된 것을 들려준 것이다. 만약 내가 디제이를 하고 있는 분에게 부탁했다면 바로 모노가 부른 오리지널 버전을 들려줬을 것이다.

음악을 찾는 것 이외에도 어떤 사람이나 지명을 찾을 때도 마찬가지다. 내가 잉글랜드 북서부의 도시 맨체스터에 대해서 알고 싶어서 AI스피커에게 맨체스터를 찾아달라고 한 적이 있었다. 결과는 어땠을까? 짐작하다시피 찾아준 것은 박지성이 뛰었던 축구클럽 '맨체스터 유나이티드'였다. 이유는 맨체스터 유나이티드의 검색이 가장 많았기 때문이었다.

이것만 봐도 아직 인간처럼 상대와 공감하는 능력은 인공지능이 가지고 있지 않다. 그도 그럴 것이 '폰 노이만 컴퓨터' 체제에서는 공감하는 것을 프로그래밍할 수 없기 때문이다.

인공지능, 고정관념을 표현할 수 없다

영화 속 인공지능이 표현하지 못하는 것은 인간이 가지고 있는 고정관념이다. 몇 년 전 프랑스에서 온 사람과 모임에서 만난 적이 있었는데, 그가 대화 도중 노트르담 성당에 관해서 이야기를 했는데, 나는 노트르담 성당이라면 파리에 있는 노트르담 성당을 떠올렸고, 이에 관한 이야기를 했는데, 그는 자기가 태어나고 자란 스트라스부르에 있는 성당을 말하는 것이었다.

그는 노트르담이라는 이름이 붙은 성당은 프랑스 전역에서 어렵지 않게 찾아볼 수 있다고 했다. '노트르담'이라는 말은 프랑스어로 성모 마리아를 뜻하기에 이 이름이 붙은 성당이 많다고 했다. 이어서 그는 노트르담 성당 하면 파리에 있는 것이 가장 유명하니 먼저 떠오를 것이라며 이해를 해주었다.

그도 그럴 것이 빅토르 위고의 소설과 뮤지컬로 인해 노트르담 성당 하면 파리에 있는 노트르담을 자연스레 떠올리게 되는 것이다. 사실 위고가 소설의 제목을 《노트르담 드 파리》, 우리말로 번역하면 파리의 노트르담이라도 붙인 것은 어찌 보면 노트르담 성당은 프랑스 전역에 많이 있기에 파리에 있는 노트르담이라고 콕 집어서 말했던 것이다.

이것은 노트르담뿐만 아니라 다른 예에서도 찾아볼 수 있다. 잉

글랜드의 축구팀을 보면 유독 '유나이티드'라는 이름이 붙은 팀이 많다. 이들 중 '유나이티드'라고 하면 어떤 팀이 떠오르는가? 대부분은 '맨체스터 유나이티드'를 떠올릴 것이다. '유나이티드'라는 이름이 붙은 축구팀 중 가장 유명한 팀이 맨체스터 유나이티드이기 때문이다. 물론 뉴캐슬에 사는 사람은 '유나이티드'라고 하면 뉴캐슬 유나이티드를, 리즈에 사는 사람은 '리즈 유나이티드'를 떠올릴 것이다.

노트르담이나 유나이티드처럼 내가 사는 지역에 존재한다면 먼저 떠올리는 것이 내가 사는 지역에 있는 것이지만 그렇지 않은 경우는 가장 유명한 것을 떠올리기 마련이다. 이것이 바로 고정관념인데 이것은 영화 속 인공지능은 표현 가능하겠지만 현실 속 인공지능은 표현을 할 수 없는 분야이다.

03

현재 인공지능의 특성은

우리가 지금 사용하고 있는 인공지능은 어디까지 와 있을까? 또, 어떤 특성을 가지고 있을까? 지금의 인공지능을 한 마디로 표현하자면 '폰 노이만 컴퓨터에 최적화된 인공지능'이다. 지금 우리가 사용하는 컴퓨터에서는 이 이상의 인공지능을 구현할 수 없다는 말이다.

현재 인공지능 = 폰 노이만 컴퓨터에서의 인공지능

현재의 인공지능은 '폰 노이만 컴퓨터'에서 구현되고 있는 것이다. 현재 우리가 사용하는 컴퓨터는 1951년 이후 큰 틀에서의 발전은 없었다고 해도 과언이 아니다. 컴퓨터가 구동되는 원리는 1951년에 나온 '에드박'과 지금의 컴퓨터는 동일하다. 입력, 출력, 기억, 연산, 제어장치에 의해서 컴퓨터는 구동되고 있다. 장치의 성능이 좋아지고, 소프트웨어의 성능이 좋아지긴 했지만, 구동은 에드박과 동일한 방식으로 이루어진다.

최근 뉴스에서 새로운 방식의 반도체, CPU가 나왔다는 기사를 접할 수 있다. 이 기사를 살펴보면 연산속도가 이전과 비교해서 엄청 빨라졌다는 이야기가 빠지지 않고 나온다. 이 말은 바꿔 말하면 연산만 할 줄 아는 폰 노이만 컴퓨터의 한계를 벗어나지 못했다는 이야기다.

또한 이러한 하드웨어가 적용되는 컴퓨터가 어떤 컴퓨터일까? 지금 사용하고 있는 컴퓨터에 적용될 것이다. 물론 여기에 맞는 소프트웨어가 나와야겠지만, 소프트웨어를 만드는 프로그래밍 언어는 지금 사용하고 있는 언어다. 지금 사용하고 있는 프로그래밍 언어는 폰 노이만 컴퓨터에 최적화된 언어이기에 이를 넘어설 수 없다.

이보다 더 중요한 것은 새로운 반도체나 CPU를 만들어낸 기계는 폰 노이만 컴퓨터의 제어를 받는다. 이런 상황이라면 폰 노이만을 넘어설 수가 없는 것이다. 이런 것으로 인공지능을 구현하면 알파고의 업그레이드 버전인 알파고 제로 정도의 성능을 가진 것이 나올 수밖에 없다.

지금 우리가 사용하고 있는 인공지능은 폰 노이만 컴퓨터에 최적화된 인공지능이다. 이것이 영화에서 볼 수 있는 인공지능을 볼 수 없는 이유다.

지금의 인공지능, 스스로 아무것도 하지 못한다

알파고에게 바둑 룰 중 현재 제한 시간인 1시간을 3시간으로 바꾸자고 제안하면 스스로 수락하고 변경할 수 있을까? 스스로는 할 수 없고, 사람이 직접 프로그램을 변경해 줘야 적용이 된다. 이렇게 말하면 혹자는 알파고 제로는 기보가 없어도 스스로 학습을 하는데 이것이 '스스로 하는 것' 아니냐고 이야기할 것이다. 알파고 제로는 기본적인 규칙은 프로그래밍 되어 있다. 알파고 제로도 룰을 변경하고자 하면 스스로 할 수 없다.

그리고 룰을 개정한다고 했을 때 '인공지능'은 인간처럼 자신의 의견을 표현할 수 있을까? 결론부터 말하면 불가능하다. 내 의견을 표현하기 위해서는 여러 가지 생각이 필수다. 인간은 상대의 수준에 맞게, 그리고 상대가 공감할 수 있게 표현하기 위해서 많은 생각을 한다.

내가 '인공지능'에 대해서 상대에게 말한다고 하면, 나처럼 컴퓨터를 전공한 사람에게는 전문용어를 그대로 사용할 수 있지만, 그렇지 않은 경우는 쉽게 설명해야 한다. 내 경우는 비유를 통해서 설명을 하는데, 상대가 이해하기 쉬운 방법이 무엇인지 많이 생각을 한다.

얼마 전 이직이 확정되고 퇴사가 얼마 안 남은 친구가 "말년에 유격훈련이랑 혹한기 훈련을 다 뛰라고 하네."라는 말을 한 적이 있다. 이 말은 퇴사가 얼마 남지 않은 사람에게 일을 많이 시킨다는 의미를 비유적으로 말한 것인데, 군대를 갔다 오지 않은 사람은 전혀 이해하지 못한다. 군대를 갔다 온 사람이라면 가장 힘든 훈련이 유격훈련과 혹한기 훈련이라는 것을 알기에 무슨 뜻인지 알 수 있고, 부대마다 다르지만 말년에는 열외를 시켜주는 편이다. 이런 사정을 모르면 이해할 수 없다.

그렇다면 인공지능은 이렇게 할 수 있을까? 절대 할 수 없다. 경험에서 나오는 것을 비유해서 말하는 것은 비슷한 경험을 한 사람에게 통하는 것이다. 그런데 인공지능은 경험을 하지 못하기에 할 수가 없는 것이고, 빅 데이터에 없다면 더더욱 할 수 없는 것이다.

앞서 말한 룰을 변경하는 것도 경험에서 나온 것이다. 바둑 제한 시간을 조절하는 것은 불편한 면이 있어서 개선하기 위함이다. 불편함은 경험을 하지 못하면 느낄 수 없는 부분이기 때문이다. 인공지능은 프로그래밍 된 룰대로 진행을 하고, 이것에 대해서 불편한지 아닌지를 생각하지 못하기 때문에 룰 변경을 제안할 수 없는 것이다.

이세돌 9단이 알파고와의 네 번째 대국을 이기고 난 후 인터뷰에서 다섯 번째 대국에서 흑을 잡고 하겠다고 제안을 했다. 이유는 네 번째 대국에서 백을 잡고 이겨서 흑을 잡고 이겨보고 싶었던 것이다. 그리고 흑돌을 잡을 때는 백돌을 잡은 사람에게 7집 반을 덤으로 내줘야 하기에 흑돌을 잡고 이기는 것이 더 값어치가 있기 때문이기도 하다. 그런데 다섯 번의 대국을 하는 동안 알파고는 어떠한 제안도 하지 않았다. 아니, 할 수 없다고 하는 것이 정확하다.

이세돌 9단처럼 제안을 할 수 있는 것은 생각을 하기에 가능한 것인데, 지금의 인공지능은 생각을 할 수 없다. 인간이 원하는 대로 빅 데이터에서 찾아서 알려줄 뿐 그 이상도 그 이하도 아니다.

인공지능이 스스로 아무것도 할 수 없는 것은 인간처럼 신조어나 같은 뜻을 가진 단어라도 의미가 다르게 해석 가능하게 할 수 없다는 것이다. 〈용비어천가〉에서 보는 '어린 백성'과 지금 우리가 사용하고 있는 '어린이'에서 '어린'은 서로 다른 의미를 지니고 있다. 용비어천가에서는 '어린'이라는 말이 '어리석은'이라는 뜻으로 사용되지만 '어린이'에서 '어린'은 나이가 어리다는 뜻으로 사용된다.

이러한 것은 '어린'이라는 단어 외에도 '서자'라는 단어도 마찬가지다. '환인의 서자 환웅'에서 사용된 '서자'와 '홍 판서의 서자 홍길동'에서 사용된 서자는 의미가 다르다. 한자로 쓰면 같은 단어인데 '환인의 서자 환웅'에서 '서자'는 장남이 아닌 다른 아들을 뜻하지만, 홍길동에서 '서자'는 양반인 아버지와 양반이 아닌 어머니 사이에 태어난 아들을 뜻한다.

이뿐만 아니라 최근 젊은 층에서 사용하는 단어 중에 '개좋다'와 같은 단어가 이 뜻은 '엄청 좋다'는 의미로 사용이 된다. 그동안 우리는 '개'가 들어가는 단어는 안 좋은 의미로 상용했는데, 좋은 의미로도 사용이 되고 있는 것이다. 이처럼 신조어를 만들어 내는 것도 인간이 생각하는 능력이 있기에 가능한 것이다. 여기서 혹시 인공지능이 신조어를 창조했다는 이야기를 들어본 적이 있는가? 절대 없을 것이다. 인공지능은 생각을 하지 못하기에 스스로 무언가를 할 수 없기 때문이다. 바로 이것이 인공지능, 즉 폰 노이만 컴퓨터에서 구현된 인공지능의 특성이다.

04

현재 인공지능의 한계 1-자유의지

지금 우리가 볼 수 있는 인공지능이 인간과 가장 큰 차이점을 보이는 것은 바로 '자유의지'다. 지금의 인공지능 같은 경우는 스스로 새로운 것을 만들지도 못하고, 자신만의 생각을 표현할 수 없다.

나는 친구들과 낙지볶음 같은 매운 음식을 먹을 때는 덜 매운 맛으로 달라고 한다. 매운맛을 좋아하는 친구는 진정한 매운맛의 의미를 모른다고 말하지만, 나는 체질적으로 청양고추뿐만 아니라 칠리소스 등 매운 음식을 먹지 못한다. 그렇기에 나에게는 매운 음식을 먹는 것이 고역이다.

내가 고추장 소스 같은 매운 음식을 먹을 때 덜 맵게 해달라고 하는 것은 나만의 생각을 표현하는 것이 가능하기 때문이다. 그런데 인공지능은 이런 것을 하지 못한다. 지난 2016년 이세돌 9단과 대결한 알파고를 보면 이 점이 명확히 드러난다.

알파고는 중국식 바둑 룰인 백돌을 잡은 사람에게 7.5집 덤을 주는 방식으로 프로그래밍 되어 있다. 우리나라의 룰은 6.5집이다. 여기서 알파고에게 룰을 우리나라 방식으로 바꾸자고 하면 스스로 바꿀 수 있을까? 아니 알파고가 먼저 우리나라 룰로 바꾸자고 제안할 수 있을까? 절대로 하지 못한다. 이것은 지금의 인공지능이 스스로 생각하는 능력이 없기 때문이다.

여기서 얼마 전 인간과 대화하는 인공지능 로봇을 본 사람들은 이것이 자유의지를 가진 것 아니냐고 생각하는 사람도 있다. 하지만 인공지능 로봇이 인간과 하는 대화도 빅 데이터에 있는 것이 아니라면 불가능하다. 예를 들어 "우리나라 축구 국가대표님이 이번에 시원하게 월드컵 본선을 확정 지었는데 이유가 무엇인가?"에 대한 질문을 한다면 답을 하지 못한다. 여기에는 여러 가지 이유가 있고, 분석이 들어가야 하는 부분이 있는데 이것은 인공지능이 할 수 없는 부분이다.

반면 인간은 벤투 감독의 잘 짜인 전술에 대해서 이야기 할 수도 있고, 김민재가 있어서 수비가 안정되어 있다는 점도 들 수 있을 것이다. 이것은 데이터를 가져오는 것이 아니라 분석해야 하기 때문이다. 여기에다 사람마다 제각각 다른 생각을 말할 수 있다. 이것이 바로 '자유의지'인 것이다.

'ꝏ' '자유의지'는 '개성'의 표현이다.

인공지능이 인간처럼 사고하고 행동하기 위해서는 제각각의 개성을 표현할 줄 알아야 한다. 같은 부모님의 피를 물려받은 나와 동생도 스타일은 차이가 있다. 사용하는 스마트폰만 보더라도 나는 애플의 아이폰을 사용하지만 동생은 삼성의 갤럭시를 사용한다. 형제지간이 이렇듯 각자의 개성이 있는데 형제가 아닌 사람들과는 말할 필요가 없다.

그런데 지금의 인공지능은 어떠한가? 서빙을 하는 로봇이라면 모든 기계가 동일하게 프로그래밍 되어 있다. 물론 로봇의 색깔이 다를 수는 있겠지만 동일하게 서빙하는 일을 한다. 이것은 인공지능이 각 기계마다의 개성이 없기 때문이다. 같은 운영체제와 같은 프로그램이 설치되어 있는 기계에서는 각자의 개성을 표현할 수 없기 때문이다. 그렇다면 인간은 어떨까?

같은 교복을 입고 같은 학교, 같은 반에 있는 학생들은 각자의 개성을 가지고, 각자의 자유의지대로 생각하고 행동한다. 고등학교 3년 동안 같은 반에 있었던 나와 친구라도 대화를 해보면 각자의 생각이 다르고 표현하는 방식도 다르다. 이것은 인간이 자유의지를 가지고 있기 때문이다. 자유의지가 없다면 같은 교복을 입은 학생들이 서빙 로봇과 다를 것이 없기 때문이다.

'자유의지', 생각하는 능력이 바탕이다

인간이 '자유의지'를 가지는 것은 생각하는 능력이 있기 때문이다. 우리가 회의나 미팅을 할 때 각자의 생각을 주고받는다. 이때 거의 대부분이 나와 상대의 의견이 차이가 있다. 여기서 차이가 있다는 것은 나와 상대가 생각이 다르다는 것이지 옳고 그름을 따지는 것이 아니다. 즉, 내 생각과 상대의 생각이 다르기에 의견을 좁혀가며 합의점을 찾는 것이다. 만약 나와 상대가 생각이 같다면 이렇게 합의를 할 이유는 없다. 인공지능 로봇이 합의를 하는 것을 볼 수 없는 이유가 바로 생각을 하지 못하기 때문일 것이다.

이뿐만 아니라 자동차를 운전할 때 내비게이션이 알려주는 길이 아니라 내가 아는 길로 가는 경우가 있다. 얼마 전 나는 급한 일이 있어 내비게이션을 켜고 목적지에 간 일이 있었다. 이 목적지는 내가 가끔씩 가는 곳이라 길을 알고 있지만 현재 교통상황을 알 수 없기에 내비게이션의 도움을 받고자 했다. 초반에는 내비게이션의 도움을 받았지만 중간쯤에서 돌아가는 길로 안내한다는 것을 느끼고 이때부터 내비게이션의 안내를 무시하고 내가 아는 길로 운전했다. 결과적으로는 내비게이션의 예상시간보다 5분 정도 빨리 도착했다.

내비게이션이 알려주는 길이 아닌 내가 아는 길로 가는 것은 오직 인간만이 가능하다. 물론 교통상황을 고려해서 다른 길을 안내해 주지만 그 길이 아닌 다른 길로 가는 것도 인간은 가능하다. 하지만 인공지능 기술이 적용된 자유주행 자동차는 그렇게 하지 못한다. 이것이 인간과의 결정적인 차이다.

인간이 내비게이션의 안내를 무시하고 내가 아는 길로 운전하는 것은 '왜 돌아가는 길을 알려주지? 가까운 길도 있는데.'라는 생각을 할 수 있기 때문이다. 이것이 가능하기에 인간은 자유의지를 실행할 수 있는 것이다.

‘자유의지’, ‘Yes’나 ‘No’로 답할 수 있는 것이 아니다

지금의 인공지능의 자유의지를 가지지 못하는 것은 기본적으로 지금의 컴퓨터가 ‘폰 노이만’의 틀을 벗어나지 못했기 때문이다. 현재 우리가 사용하고 있는 ‘폰 노이만 컴퓨터’의 가장 큰 특징은 오직 연산만 가능하다는 것이다. 여기서 연산은 산술연산과 논리연산으로 나뉜다. 사칙연산을 하는 산술연산은 그렇다 치더라도 논리연산은 ‘Yes’나 ‘No’로 답할 수 있는 것만 실행 가능하기 때문이다.

이 말을 하면 얼마 전 대화하는 로봇은 상대의 신분증을 보고 이름이나 펼친 손가락의 개수를 정확히 알아맞히는데 이것은 ‘Yes’나 ‘No’ 이외의 답이 아니냐고 하는 사람이 있다. 겉으로 보면 ‘Yes’나 ‘No’ 이외의 것도 답한 것으로 보이지만 깊이 들어가면 꼭 그렇지만은 않다.

인간이 한 질문이 빅 데이터에 있다면 그에 맞는 답을 찾아서 말하는 방식이다. 펼친 손가락 개수를 말하는 것은 ‘펼친 손가락의 몇 개냐?’라는 질문이 빅 데이터에 있고, 카메라를 통해 펼친 손가락의 개수를 판단하는 것이다. 이 질문은 다음과 같이 C언어로 프로그래밍을 설계할 수 있다.

if “펼친 손가락 개수는”이라는 질문을 받고 ‘손 사진을 확인했다’ than

```
if int 펼친 손가락 = 0 than
          string = '0개';
else if int 펼친 손가락 = 1 than
          string = '1개';
else if int 펼친 손가락 = 2 than
          string = '2개';
else if int 펼친 손가락 = 3 than
          string = '3개';
else if int 펼친 손가락 = 4 than
          string = '4개';
else if int 펼친 손가락 = 5 than
          string = '5개';
else
          string = "손을 보여주세요?";
```

이 프로그램을 보면 펼친 손가락의 개수를 알아맞히는 것도 'Yes'나 'No'로 답하는 방식으로 프로그래밍할 수 있다. 즉, 이것은 자유의지를 가지고 하는 것이 아니라 프로그래밍 되어 있는 대로 하는 것이다. 인공지능은 육하원칙에 의해 답하는 것, 상대에게 질문하는 것은 할 수가 없다. 설령 하더라도 빅 데이터의 틀에서만 가능한 것이다.

이 프로그램에 사용한 C언어는 1972년에 나온 언어이고, 운영체제를 만들기 위한 언어이기에 지금까지도 널리 사용되고 있다. 여기에 더해 JAVA, 파이썬 같은 응용프로그램도 C언어를 바탕으로 설계된 것이다. 게다가 이런 프로그래밍 언어가 구동되는 운영체제가 폰 노이만 컴퓨터에 최적화된 것이기에 폰 노이만의 틀을 넘을 수 없는 것이다.

폰 노이만 컴퓨터는 기본적으로 자유의지를 가지지 못한다. 폰 노이만 컴퓨터는 넓게 보면 전자계산기의 일종이다. 대학교에서 컴퓨터를 전공했거나 전공하는 사람이라면 1학년 1학기에 '전자계산기 기초'라는 과목을 배우는데, 이 과목의 내용이 컴퓨터 기초에 관한 것이다. 그리고 폰 노이만 컴퓨터의 특징 중 하나가 산술연산, 논리연산 등 연산에 특화되어 있다. 이것만 봐도 폰 노이만 컴퓨터는 자유의지를 절대 가질 수 없다.

자유의지란 나 자신이 스스로 판단을 해서 하는 것이다. 이것은 같은 부모에게서 유전자를 물려받은 형제들도 다르게 나타난다. 그런데 지금의 폰 노이만 컴퓨터는 이러한 것이 불가능하다. 같은 운영체제에 같은 프로그램이 설치되어 있으면 동일한 기능을 할 뿐이다. 그렇기 때문에 지금의 인공지능은 자유의지를 가지지 못하는 것이다.

05

현재 인공지능의 한계 2-딥 러닝의 한계

인공지능의 핵심기술이라고 하면 머신 러닝(Machine Learning)과 딥 러닝(Deep Learning)이다. 지난 2016년 이세돌 9단과 세기의 대결로 놀라움을 선사한 알파고는 이 기술이 적용되었다. 이후 나온 모든 인공지능 제품은 머신 러닝과 딥 러닝이 적용되어 있다.

머신 러닝은 말 그대로 기계가 학습하는 것이고, 딥 러닝은 기계 깊이 있는 학습을 하는 것이어서, 좁은 의미의 머신 러닝이 딥 러닝이다. 딥 러닝에는 머신 러닝의 요소가 들어가 있다. 알파고가 기보를 보고 바둑을 학습하거나, 알파고 제로가 입력된 바둑 룰을 바탕으로 두 대가 대국을 하면 학습을 하는 것이 바로 딥 러닝이 바탕이 된 것이다.

머신 러닝과 딥 러닝 개념을 정립한 사람은 바로 앨런 튜링이다. 앨런 튜링은 그의 논문 〈지능을 가진 기계(Intelligent Machinery)〉와 〈계산 기계와 지능(Computing Machinery and Intelligence)〉에서 머신 러닝과 딥 러닝을 소개했다. 두 논문은 각각 1948년과 1950년에 발표되었다는 점에서 놀랍기만 하다.

튜링은 생각하는 기계를 구현하는 데 머신 러닝과 딥 러닝을 적용해야 한다고 주장을 했지만 이것이 만능이 아니라고 했다. 인간의 흉내 내는 진정한 기계를 구현하려면 '자유의지'가 있어야 한다고 주장했다. 즉, '딥 러닝'은 '자유의지'를 가지고 있지 않다는 것이다.

딥 러닝도 폰 노이만 컴퓨터에서 구현되었다

나는 서울과 부산을 오갈 때는 KTX나 SRT 같은 고속열차를 이용한다. 고속열차는 전용선로를 달릴 때 시속 300km 이상을 달릴 수 있다. 그렇지 않고 기존의 경부선 선로를 이용하면 최고 속도를 낼 수 없다. 고속철도 전용선로는 거의 직선으로 이루어져 있고, 곡선구간이 있어도 완만하다. 하지만 기존의 경부선 선로는 직선선로와 곡선선로가 반복되어 최고 속도를 낼 수 없다. 이것은 인공지능도 마찬가지다. 딥 러닝이 자유의지를 구현하지 못하는 것이 기본이 되는 컴퓨터 환경이 갖추어져 있지 않기 때문이다.

이것은 인공지능이 1990년대까지 긴 겨울잠을 잔 이유이기도 하다. 이론적 토대는 1940~50년대에 마련이 되었지만 구현을 하지 못했던 것이 컴퓨터 환경이 받쳐주지 못했기 때문이다.

1970년대까지만 해도 인터넷은 고사하고 컴퓨터의 처리능력이 지금의 컴퓨터와 비교하면 형편없었다. 특히나 하드웨어의 문제는 더욱 그러했다. 지금이야 SSD 같은 대용량에 속도도 빠른 저장매체가 일반적이지만 1970년대까지만 해도 저장매체는 자기 테이프가 주를 이루었다. 자기 테이프는 SSD와 비교하면 처리속도, 특히나 자료를 찾아 불러내는 속도는 훨씬 느렸다.

워크맨으로 음악을 들어봤던 사람은 알겠지만 원하는 음악을 찾기 위해서는 테이프를 앞뒤로 감는 작업이 반드시 필요했다. 지금처럼 검색을 해서 찾는 것과 비교하면 훨씬 비효율적이다. 이런 환경에서는 인간이 컴퓨터와 계산을 해서 이기는 것도 가능했다. 실제 폰 노이만은 에드박과의 계산 대결에서 여유롭게 이긴 적이 있었다. 이런 상황에서 인공지능을 구현 할 수 없다.(물론 지금의 컴퓨터라면 제아무리 폰 노이만이라 하더라도 계산대결을 해서 절대 이길 수는 없다.)

여기에다 이런 환경에서는 지금 같은 고성능소프트웨어는 설치를 할 수 없다. 우리가 쓰는 한글이나 MS-OFFICE 같은 경우도 용량은 1기가바이트(1GB)가 넘는다. 이런 프로그램은 1970년대 컴퓨터에 설치하려고 하면 아예 설치할 수가 없다. 또한 CPU도 지금과 비교하면 성능이 떨어졌기에 인공지능을 제대로 구현할 수 없는 것이다.

이와 마찬가지로 딥 러닝으로 인간처럼 사고하고 행동하는 인공지능을 구현하지 못하는 이유는 바로 지금의 인공지능이 '폰 노이만 컴퓨터'를 바탕으로 구현되었기 때문이다. 폰 노이만 컴퓨터의 가장 큰 특징은 연산만 가능하다는 것이다. 연산에는 산술연산과 논리연산이 있다. 계산 외에 '예/아니오'로 답할 수 있는 것만 처리할 수 있다. 이것이 인간과의 큰 차이점이다.

우리는 학습을 할 때 사칙연산이나 '예/아니오'로 답할 수 있는 것도 처리하지만 그렇지 않은 것도 처리한다. 축구를 할 때 판정에 대한 논란이 나오자 '어떻게 하면 판정에 대한 논란을 줄일 수 있을까?'라는 생각을 하게 되고 이 결과 비디오 판독 시스템을 도입한 것이 대표적이다. 이것은 '예/아니오'로 답할 수 있는 것이 아니기에 인공지능은 처리할 수 없다.

이러한 것은 기본적으로 지금의 인공지능이 인간처럼 사고하고 행동할 수 없다는 것을 의미한다. 인간은 피를 나눈 형제간이라도(설령 일란성 쌍둥이라 하더라도) 제각각 다른 생각을 가지고 행동을 하지만 인공지능은 이것이 불가능하다. 알파고가 10대가 있다고 하면 제각각의 개성을 가지지 못한다는 것이다.

딥 러닝, 룰 변경을 못 한다

인공지능은 인간처럼 사고하고 생각할 수 없기에 제각각의 개성을 표현할 수 없고, 상대에게 제안을 할 수 없다. 알파고에게 백에 일곱 집 반을 덤으로 주던 것을 덤을 다섯 집으로 주는 것으로 바꾸자고 하면 바꿀 수 있을까? 그리고 이런 의견을 낼 수가 있을까? 정답부터 말하면 절대 불가능하다. 룰을 바꾸는 것은 한쪽이 일방적으로 바꿀 수 있는 것이 아니라 모두가 동의를 해야 되는 것이다.

지난 1977년 파나마에서 열렸던 WBA 주니어 페더급 챔피언 결정전에서 홍수환 선수가 2라운드에서만 엑토르 카라스키야에게 네 번이나 다운을 당하고, 3라운드에서 역전 KO승을 거두고 챔피언이 되었다. 이것을 4전 5기 신화라고 하는데 여기에는 숨겨진 이야기가 있다.

원래 복싱은 한 라운드에서 세 번 다운이 되면 자동으로 KO를 선언하게 되어 있다. 그런데 홍수환과 카라스키야의 경기에서는 이것이 적용되지 않았다. 먼저 카라스키야 측에서 이것을 적용하지 말자고 했고, 홍수환 측에서 동의를 해서 이 경기에서는 룰이 변경된 것이다. 그렇지 않았다면 홍수환은 챔피언이 되지 못했을 것이다. 이처럼 룰 변경은 한쪽이 제안하면 상대가 동의해야 가능한 것이다. 즉, 서로 간의 공감이 있어야 가능한 것이다.

홍수환과 카라스키야의 경기는 이 경기에 한해서 룰을 변경한 것이지만, 룰을 개정 후 모든 경기에 적용하는 경우도 있다.

1990년 이탈리아 월드컵 아시아지역 최종예선 당시 카타르와 0 대 0으로 비겼는데, 당시에는 카타르가 침대축구를 하지 않았다. 이유는 발로 하는 백패스를 골키퍼가 손으로 잡을 수 있었기 때문이었다. 수비와 골키퍼 간에 백패스를 주고받으면 합법적으로 시간을 끌 수 있어서다. 지금처럼 발로 하는 백패스를 골키퍼가 손으로 잡을 수 없는 것은 1992년부터이다. 이때부터 중동팀이 우리와 만나면 비기거나 이기고 있을 때 침대축구를 했던 것이다.

골키퍼에게 발로 하는 백패스를 손으로 잡지 못하게 하는 것은 시간 끌기를 방지하고 실제 플레이하는 시간을 늘리기 위함이다. 이것은 누군가가 제안을 했고 선수, 지도자, 심판 등이 동의했기에 가능한 것이다. 이처럼 인간은 공감하는 능력이 있기에 룰을 변경할 수 있는 것이다.

인공지능은 어떤가? 룰 변경을 제안할 수 없고, 이에 공감할 수도 없다. 사람이 입력을 한 대로 진행을 한다. 딥 러닝도 입력된 룰을 토대로 하는 것이지 스스로 룰을 바꿔서 하지는 못한다. 그렇기에 알파고에게 룰을 변경하자고 제안하는 것은 '쇠귀에 경 읽기'에 지나지 않는다는 것이다.

폰 노이만 컴퓨터, 공감은 못 한다

지금의 인공지능은 폰 노이만 컴퓨터를 베이스로 하기에 어느 부분 인간을 모방할 수는 있어도, 완벽하게 흉내 낼 수는 없다. 아무리 딥 러닝을 정교하게 했다 하더라도 인간을 흉내 내는 데는 분명 한계가 있는 것이다. 특히나 공감 능력은 절대 흉내 낼 수가 없다.

우리가 상대를 이해하는 것은 기본적으로 공감하는 능력이 있기 때문이다. 실패로 인해 실의에 빠진 경험을 해본 사람만이 유사한 경험을 겪는 사람의 심정을 이해할 수가 있다.

입대 전 김광석의 '이등병의 편지'를 듣는 사람의 심정을 이해하는 것은 군대를 경험해 봤기 때문이다. 특히나 입대한 날의 기억이 생생하기에 그때를 떠올리면 지금 입대하는 사람의 심정을 이해할 수 있기 때문이다. 하지만 군대를 갔다 오지 않았다면 온전히 느끼지 못한다. 인공지능은 입대하는 사람의 심정에 공감할 수 있을까? 절대 공감할 수 없다.

인공지능이 '이등병의 편지'를 듣고 군입대 하는 사람의 심정을 이해하고, 공감한다는 것을 들어본 적이 있는가? 없을 것이다. 공감을 할 수 없기에 인공지능은 감정을 표현할 수가 없다. 게다가 제각각 다른 감정은 더더욱 표현할 수 없다. 같은 음식을 먹더라도 나는 맵다고 하지만 친구는 안 맵다고 할 수 있는 것이다. 이것은 '폰 노이만 컴퓨터'가 가진 한계점에서 기인한다. '폰 노이만 컴퓨터'는 산술연산 외에 '예/아니오'로 답하는 논리연산만 가능하다. 공감하는 능력은 '예/아니오'로 표현할 수 없을뿐더러 개인마다 그 차이는 다르다. 그런데 인공지능은 이런 것을 표현하지 못한다. 공감이라는 것은 수치로 표현할 수 없기 때문이다. 바로 이것이 '폰 노이만 컴퓨터'의 한계이자 '딥 러닝'의 한계점이다.

06

현재 인공지능의 한계 3 - CPU와 운영체제

우리가 사용하는 언어에는 한국어, 영어, 스페인어 등의 다양한 언어가 있듯이 컴퓨터에도 다양한 프로그래밍 언어가 있다. 프로그래밍 언어를 바탕으로 다양한 소프트웨어가 개발되었는데 여기에는 운영체제도 포함이 된다. 운영체제도 프로그래밍 언어로 제작되었다는 것이다.

운영체제는 초기에는 어셈블리어로 만들어졌다. 운영체제는 다른 소프트웨어와는 달리 그래픽카드, 키보드, 마우스 같은 하드웨어를 제어할 수 있어야 한다. 이런 기능은 저급언어에 특화된 것이다. JAVA, 파이썬 같은 고급언어는 하드웨어 제어를 할 수 없다.

그렇기에 초기에는 저급언어인 어셈블리어로 운영체제를 만들었다.

어셈블리어로 만든 운영체제는 치명적인 단점이 있었다. 컴퓨터에 들어가는 하드웨어 특히나 CPU의 종류에 따라서 다르게 프로그래밍 되어야 했다. 인텔 CPU를 사용하는 컴퓨터와 AMD CPU를 사용하는 컴퓨터에서는 각각 그에 맞게 어셈블리어로 코딩을 해야 했다.

그러던 것이 1972년을 기점으로 새로운 변화를 맞이하게 된다. 데니스 리치와 켄 톰슨이 C언어를 만들면서 운영체제를 만드는데 새로운 전환점이 마련되었다. C언어는 고급언어로 분류되지만 엄밀하게 따지면 중급언어가 맞다. 고급언어의 기능도 가지고 있으면서 저급언어의 기능도 가지고 있다. C언어는 다른 고급언어가 가지고 있지 않은 하드웨어 제어기능을 가지고 있다. 이것 때문에 운영체제를 만들 수 있는 최적화된 프로그래밍 언어라고 한다. 사실 C언어는 어셈블리어의 단점을 보완하고 효율적으로 운영체제를 만들기 위해 탄생한 언어이기에 하드웨어 제어기능을 가지고 있는 것은 어찌 보면 당연하다.

그동안 많은 프로그래밍 언어가 새로 탄생하고 도태하는 과정 속에서 C언어가 지금도 널리 사용되고, 대학교에서 가장 기본적으로 배우는 언어가 된 것은 운영체제를 만들기 위해 탄생한 언어라는 점이 한몫했다. 지금도 Windows나 MacOS, ios, 안드로이드 같은 운영체제를 만드는 데도 C언어가 사용된다.

‘폰 노이만 컴퓨터’에 최적화된 지금의 운영체제

Windows95와 Windows11을 비교하면 구동되는 원리는 동일하다. 단지 고성능 프로그램을 설치하고 구동되느냐의 차이일 뿐이다. 큰 틀에서의 변화는 없다는 것이다. 지금 운영체제를 보면 Windows95에 탑재된 지능은 기본적으로 가지고 있고, 무선 인터넷 연결이나 클라우드 연결 같은 몇몇 기능을 추가한 것이다. 그렇기에 아무런 불편 없이 Windows 시리즈 운영체제를 사용할 수 있는 것이다. 이것은 다른 말로 하면 컴퓨터의 구동원리는 변하지 않았다는 것이다. 그도 그럴 것이 1951년 에드박 이후 컴퓨터는 변하지 않았다. 우리는 에드박 이후의 모든 컴퓨터를 에드박을 만든 ‘폰 노이만’의 이름을 따서 ‘폰 노이만 컴퓨터’라고 부르는 것이다.

지금의 인공지능도 사실 ‘폰 노이만 컴퓨터’ 베이스로 제작되었기에 ‘폰 노이만 컴퓨터’ 최적화된 것이다.

운영체제가 ‘폰 노이만 컴퓨터’에 최적화된 것인데, 이를 바탕으로 구동되는 응용프로그램은 이를 절대 뛰어넘을 수 없다. 그렇기에 지금의 인공지능은 인간처럼 사고하고 행동할 수 없는 것이다.

지금 인공지능 프로그램을 만든 언어도 운영체제를 뛰어넘을 수는 없다. 운영체제가 사칙연산과 ‘예/아니오’로 답할 수 있는 것만 처리 가능한데, 응용프로그램은 이를 뛰어넘을 수 없는 것이다.

인공지능의 핵심 기술이라고 하는 머신 러닝과 딥 러닝은 '폰 노이만 컴퓨터'에서 구현되는 것이다. 그래서 룰을 바꾸려고 하면 스스로 적용할 수 있는 것이 아니라 인간이 입력을 해줘야 하는 것이다. 게다가 인간처럼 자기의 생각을 표현할 수도 없는 것이다.

지난 2016년 알파고와의 대결 이후 인터뷰한 것은 이세돌과 알파고의 개발자였지, 알파고가 인터뷰를 한 것은 아니다. 인터뷰라는 것은 상황을 분석하고 생각을 묻는 것인데, 이것은 산술연산이나 논리연산으로 할 수 있는 것은 절대 아니다. 생각을 해야만 되는 것이다. 알파고는 산술연산과 논리연산만 가능하기에 이를 하지 못하는 것이다.

알파고는 가로 19개, 세로 19개의 점을 좌표로 인식하고, (16, 13)에 바둑돌을 놓으면 승부에 유리한지 아닌지를 묻고 유리하면 이 자리에 두고, 아니면 유리한 곳을 계속해서 찾는다. 하지만 대국 시간이 길어서 시간을 줄이자고 하는 등의 의견을 말할 수 없다. 바로 이것이 인간과의 결정적인 차이다.

알파고가 구동되는 환경은 폰 노이만 컴퓨터이다. 운영체제도 폰 노이만 컴퓨터에 최적화된 운영체제이기 때문에 응용프로그램이라 할 수 있는 알파고는 이를 절대 뛰어넘을 수 없는 것이다.

운영체제도 '폰 노이만 컴퓨터'를 뛰어넘어야 한다

인간처럼 사고하고 행동하는 인공지능이 구현되기 위해서는 '폰 노이만 컴퓨터'의 한계를 뛰어넘어야 한다. 그러기 위해서는 많은 부분에서 변화가 필요한데 여기에 운영체제도 포함이 된다.

지금의 운영체제에서는 인간처럼 사고하고 행동하는 것이 불가능하다. 같은 피를 나눈 형제간이라도 생각과 행동이 다른 인간의 특성을 구현하기 위해서는 지금의 운영체제로는 불가능하다. 동일한 하드웨어, 운영체제, 응용프로그램이 있는 컴퓨터라면 동일한 작업을 하지 제각각의 고유한 특성을 가지지는 못한다. 이것이 '폰 노이만 컴퓨터'의 한계이기도 하다.

운영체제가 변화되면 이를 바탕으로 구동되는 응용프로그램도 변화할 수밖에 없다. MS-DOS에서 Windows95로 운영체제가 바뀌었을 때보다 더 큰 변화가 일어날 수밖에 없다. MS-DOS에서는 응용프로그램을 실행시키려면 M창에 들어가서 실행을 해야 했지만 Windows95부터는 바탕화면에 바로 가기 아이콘만 누르면 할 수 있게 되었는데, 이를 처음 접한 사람에게는 신세계와 같은 느낌을 주기도 했다. 나 역시 한동안 적응에 애를 먹었던 기억이 있다. 그런데 Windows95 이후의 운영체제에서는 특별히 적응을 해야 된다거나 새로운 것을 알아야 되는 것은 없었다.

지금의 운영체제는 처리할 수 있는 것이 계산을 하는 것 외에는 아무것도 처리하지 못한다. 이것이 지금의 컴퓨터에서 진정한 인공지능을 구현하지 못하는 이유이고, '폰 노이만 컴퓨터의 한계'라 할 수 있다.

'폰 노이만 컴퓨터'에 최적화된 CPU

운영체제와 함께 컴퓨터 구동에 가장 큰 영향을 주는 것은 바로 중앙처리장치라 불리는 CPU(Central Processing Unit)다. CPU는 인간에 비유하면 뇌의 역할을 담당한다. CPU를 통해 컴퓨터는 입력, 출력, 저장, 연산, 제어의 기능을 수행하는 것이다. 이 다섯 개의 기능은 '폰 노이만 컴퓨터'가 하는 모든 기능이다.

CPU가 성능이 좋으면 처리속도가 빨라진다. 그래서 컴퓨터를 이야기할 때 386, 486, 펜티엄, I5, I7 등으로 말하는데 이것은 사실은 CPU를 말하는 것이지 컴퓨터를 말하는 것은 아니다. 그럼에도 CPU가 가장 중요하기에 컴퓨터를 이야기하면 CPU의 종류를 말하는 것이다.

내 컴퓨터가 어떤 컴퓨터인지 이야기할 때 CPU를 대는 것은 운영체제와 응용프로그램 모두가 CPU에서 잘 구동되어야 하기 때문이다. Windows11은 I3, I5, I7에 최적화되어 있고, 운영체제를 베이스로 구동되는 응용프로그램도 마찬가지다. 그래서 컴퓨터의 핵심이 CPU라는 것이다.

이 말은 인간처럼 사고하고 생각하는 인공지능이 구현되기 위해서는 이에 맞는 CPU는 물론 그 이상의 성능을 가진 하드웨어가 필요하다. 그래야 여기에 맞는 운영체제가 구현될 수 있는 것이다.

지금의 컴퓨터를 구성하는 CPU는 어디까지나 폰 노이만 컴퓨터에 최적화된 것이다. 이런 환경에서 영화에서 볼 수 있는 인공지능은 구현하는 것이 절대 불가능하다. 즉, 지금의 CPU는 입출력, 제어, 저장, 연산만 할 수 있지, 인간처럼 자유의지를 가지고 생각하고 행동하는 것은 할 수 없다.

혹자는 얼마 전 언론을 통해 폰 노이만 병목현상을 해결한 CPU를 개발했다는 가사가 나온 걸 보고 이것은 폰 노이만 컴퓨터를 뛰어넘지 않았냐고 할 수도 있다. 이것을 역으로 생각하면 폰 노이만 손바닥 안에서 놀고 있는 것이다.

'폰 노이만 병목현상'은 '폰 노이만 컴퓨터'의 약점 중 하나다. 왕복 8차선 도로를 지나고 있다가 왕복 4차선 도로로 진입하면 길이 좁아져서 정체 현상이 나타날 수밖에 없다. 이것을 '병목현상'이라고 하는데 '폰 노이만 컴퓨터'에서도 이런 현상이 나와서 '폰 노이만 병목현상'이라고 한다. '폰 노이만 병목현상'은 컴퓨터의 속도를 저하시키는 요인 중 하나다. 고속으로 정보를 처리하려면 이것이 우선적으로 해결되어야 하는 것이다.

여기서 '폰 노이만 병목현상'을 해결했다는 결과를 어떻게 얻을 수 있었을까? 당연히 여러 차례의 실험이 있었을 것이다. 실험에 사용된 컴퓨터는 우리가 사용하고 있는 폰 노이만 컴퓨터다. 폰 노이만 컴퓨터에서 실험한 CPU가 인간처럼 자유의지를 가지고 생각하고 행동할 수는 없다.

게다가 '폰 노이만 병목현상'을 해결했다고 해서 인공지능이 구현되는 것은 아니다. 가장 핵심은 계산하는 것 이외의 것을 수행해야 하는데 그렇지 못하다. 생각해 보라. 인간은 일상생활에서 계산만 하는 것이 아니라 다른 것도 한다. 창작도 하고 융합도 한다. 계산은 생활의 일부일 뿐이고, 다른 것을 훨씬 많이 하는데, 지금의 CPU는 이런 것을 하지 못한다. 이런 점에서 CPU도 완벽한 인공지능을 구현하기에는 무리가 있다.

완벽한 인공지능을 구현하기 위해서는 우선적으로 이에 맞는 CPU와 운영체제가 구현되어야 하는 것이다.

07

현재 인공지능의 한계 4-
프로그램된 인공지능

AI스피커가 새로 나온 신조어를 스스로 학습할 수 있을까? 스스로 학습은 하지 못하지만 인간이 입력을 하면 학습은 가능하다. 인간은 스스로 필요에 의해서 학습을 할 수 있다는 점에서 차이가 있다. 왜 이런 차이가 발생을 할까?

인간과 인공지능이 학습을 하는 데 있어 차이를 보이는 것은 자유의지가 있고, 없고의 차이다. 자유의지가 있는 인간은 스스로 학습을 하는 것이 가능하지만 인공지능은 불가능하다. 인공지능은 인간이 직접 입력을 해야 한다. 내비게이션이나 컴퓨터 프로그램을 업그레이드하거나 업데이트하려면 우선적으로 프로그램이 필요하다. 그리고 이것을 인간이 직접 해줘야 한다. 이런 차이를 보이는 것은 지금의 '인공지능은 프로그램된 인공지능'이기 때문이다. 지금의 인공지능은 인간의 개입 없이는 절대 작동할 수 없다는 것이다.

프로그램된 인공지능이란?

'프로그램된 인공지능'은 파이썬 같은 프로그래밍 언어로 코딩된 인공지능이라는 것이다. 물론 우리가 '강 인공지능'이라 부르는 인간처럼 사고하고 행동하는 인공지능도 프로그래밍이 들어간다. 하지만 지금의 인공지능과는 차이가 있다.

지금의 인공지능은 '폰 노이만 컴퓨터'의 환경에서 '폰 노이만 컴퓨터'에서 구현할 수 있는 프로그래밍 언어로 만들어진 것이다. 쉽게 말해 지금의 인공지능은 '폰 노이만 컴퓨터'에 최적화된 인공지능이라는 것이다. 인공지능이 하는 동작도 인간이 직접 프로그래밍 해야 되고, 딥 러닝, 머신 러닝도 인간이 직접 구현해야 한다. 그래서 스스로 작업을 하는 것이 불가능하다.

알파고가 학습을 하는 것도 인간이 규칙을 프로그래밍했기에 가능한 것이다. 이것이 없다면 바둑을 학습할 수 없다. 이것이 인간과 인공지능을 가르는 결정적 차이라고 할 수 있다. 게다가 업데이트도 인간의 도움 없이는 스스로 할 수 없다.

운전면허 시험 합격 점수가 70점 이상에서 80점 이상으로 상향이 되었다면 인간은 이를 바탕으로 스스로 학습이 가능하고, 평가를 할 때도 이에 맞게 스스로 적용을 한다. 그런데 인공지능은 어떠한가? 인간이 이를 직접 수정하지 않으면 상황에 맞게 학습하고 적용하는 것이 불가능하다.

```
int 점수;
if 점수 >= 70 than
        printf("합격");
else
        printf("불합격");
```

70점 이상이면 합격이라는 프로그래밍이 되어 있는 기계가 있다면 인간이 프로그램을 수정하기 전까지는 스스로 80점 이상이면 합격으로 변경할 수 없다. 변경하려면

```
int 점수;
if 점수 >= 80 than
        printf("합격");
else
        printf("불합격");
```

직접 'if 점수 >= 70 than' 부분을 'if 점수 >= 80 than'으로 수정을 해줘야 한다. 이것이 인간과의 결정적인 차이점이다. 인공지능은 프로그램된 틀, 빅 데이터의 틀에서 벗어나지 못한다, 즉, 자유의지를 가지고 스스로 어떤 것을 할 수 있는 능력은 가지고 있지 않다. 프로그램의 틀에서 벗어난 것은 절대로 할 수 없다. 그래서 인간이 프로그램을 일일이 수정할 수밖에 없는 것이다.

인공지능은 프로그램 수정도 인간의 도움이 없으면 스스로 하지 못한다는 것이다. 인간은 다른 사람의 도움 없어도 스스로 적용이 가능하다. 자동차로 시내 주행을 할 때 제한 속도가 시속 60km에서 시속 50km으로 조정이 된다고 하면 스스로 이에 맞춰서 주행을 한다. 하지만 자율주행차의 경우는 인간이 수정하지 않는다면, 인간이 업그레이드된 프로그램을 만들지 않는다면 스스로 적용하는 것이 불가능하다.

인간은 규칙을 변경하는 것뿐만 아니라 새롭게 만드는 것도 가능하다. 우리가 스포츠 경기에서 볼 수 있는 비디오 판독이 대표적이다. 판정을 좀 더 정확하게 하고자 육안으로 잡아낼 수 없는 부분을 잡아내기 위해 비디오 판독을 도입한 것이다. 최근에 비디오 판독을 도입할 수 있었던 이유는 카메라 성능이 좋아졌고, 인터넷이 발달되었기 때문이다. 이런 상황을 고려해서 인간은 비디오 판독을 도입하는 것이다.

그렇다면 지금의 인공지능은 인간처럼 할 수 있을까? 절대 할 수가 없다. 스스로 하지 못하고 인간이 프로그램을 수정해야 가능한 것이다. 자동으로 프로그램이 업데이트되는 것처럼 보여도 인간이 업데이트된 프로그램을 만들지 않는다면 스스로 적용하는 것은 불가능하다. 이런 차이를 보이는 것이 지금의 인공지능이 폰 노이만 컴퓨터를 베이스로 만들어진 것이기 때문이다.

'프로그램된 인공지능'은 폰 노이만 컴퓨터의 한계다!

바둑 룰이 1시간에서 3시간 룰로 바뀐다고 가정하면 인간은 변경된 룰에 맞춰서 작전을 변경하는 것이 가능하다. 하지만 인공지능은 인간이 프로그램을 변경하지 않는 한 기존의 룰에 맞춰서 진행할 수밖에 없다. 이런 차이가 나오는 것은 바로 지금의 인공지능이 '폰 노이만 컴퓨터'에서 구현된 것이기 때문이다.

지금의 인공지능이 '폰 노이만 컴퓨터'에서 구현된 것인지 판단할 수 있는 근거는 사용하는 운영체제와 프로그래밍 언어를 살펴보면 쉽게 알 수 있다.

지금 사용하는 운영체제가 이전과 비교해서 바뀐 것이 있을까? 물론 있기는 하다. 과거 MS-DOS에서는 파일을 찾을 때 경로를 직접 명령어 창에 키보드로 입력을 해야 했지만 지금은 마우스 클릭 몇 번만 하면 쉽게 찾을 수 있다. 이런 차이는 있겠지만 GUI(Graphical User Interface) 방식이 적용된 Windows95와 지금의 운영체제인 Windows11을 비교하면 구동하는 것은 동일하다. 쉽게 말해 입력, 출력, 저장, 제어 외에는 연산만 가능한 것이다. 이런 것을 보면 큰 틀에서는 변하지 않은 것이다. 즉, 여전히 컴퓨터는 폰 노이만의 손바닥 안에서 놀고 있는 것이다.

운영체제가 '폰 노이만 컴퓨터'에 최적화되어 있는데 여기서 구동되는 응용프로그램은 어떨까? 역시 폰 노이만의 손바닥 안에서 놀 수밖에 없다. 지금의 인공지능 프로그래밍 언어도 사실은 폰 노이만 컴퓨터에 최적화된 것이다. 그렇기에 스스로는 아무것도 하지 못하는 것이다.

나는 10여 년 전 영어회화를 배웠다. 퇴근하고 매일 학원에 가서 배웠는데 이는 내가 원해서 배운 것이다. 내가 원해서 내 돈을 내고 배웠기에 효과는 높았다. 학창시절 학원에 다녔을 때는 내가 원하지도 않았고, 내 돈을 내지도 않았기에 효과는 미미했었다. 내가 이 이야기를 한 것은 인간은 스스로 필요에 따라 학습이 가능하다는 것을 보여주기 위함이다. 하지만 인공지능은 나처럼 할 수 없다.

인간이 필요에 의해서 학습을 할 수 있는 것은 기본적으로 생각하는 것이 가능하기 때문이다. 내가 영어회화를 하는 것이 필요하다는 것을 느끼고, 이를 위해서 학원에 등록하는 것은 오직 인간만이 가능하다. 필요가 무엇인지, 그리고 그것을 느끼는 것은 인간은 경험을 하기에 가능한 것이다. 이런 이유로 지금의 인공지능은 스스로 학습을 할 수 없다는 것이다.

프로그램된 인공지능을 넘어서기 위해서는

같은 부모에게서 태어난 형제간이라도 성격과 생각이 다르다. 그래서 각자의 개성이 존재하는 것이다. 나는 문과를 동생은 이과를 선택하는 것은 각자의 개성이 뚜렷이 나타나는 것이다. 게다가 식당에서 밥을 먹을 때 서로 다른 메뉴를 주문하는 것도 이와 같다. 하지만 인공지능은 이런 특성을 보여주지 못한다. 인공지능이 기본적으로 '프로그램된 인공지능'이기 때문이다.

지금의 인공지능을 '프로그램된 인공지능'이라고 부르는 것은 기본적으로 인공지능이 '자유의지'를 가지고 있지 않고, 인간의 도움 없이는 아무것도 할 수 없기 때문이다. 인공지능은 빅 데이터와 프로그래밍의 틀을 벗어나지 못한다. 영어회화가 필요하다는 것은 누구나 느낄 수 있지만 학원을 등록하는 것은 개인의 자유의지에

달려있다. 그렇기에 같이 공감을 해도 누구는 학원에 등록을 하고 누구는 등록을 하지 않는 것이다. 그런데 인공지능은 어떨까?

같은 운영체제와 프로그램이 설치된 인공지능은 모든 기계가 동일한 작업을 수행한다. 알파고가 설치된 1,200여 대의 서버는 각자가 다른 작업을 하는 것이 아니라 동일한 작업을 한다. 동일한 운영체제와 프로그램이 설치되어 있고, 이것이 '폰 노이만 컴퓨터'에 최적화되어 있고, 폰 노이만 컴퓨터에서 구현되기 때문이다. 이것은 운전면허 시험장의 차량에 설치된 프로그램을 보면 알 수 있다. 1종 보통 시험을 치르는 차량은 동일한 프로그램이 설치되어 있다. 그렇기에 동일하게 판단을 하는 것이다. 마찬가지로 AI스피커도 같은 회사에서 만들었다면 동일한 프로그램이 설치되어 있어, 동일한 작업만 할 수 있다. 우리가 영화에서 보는 인공지능과 비교하면 이는 명백히 차이가 난다.

프로그램된 인공지능을 넘어서려면 인간의 뇌를 컴퓨터에 그대로 재현해야 되는데 이것은 지금으로서는 불가능하다. 지금도 인간의 뇌는 완벽하게 파악되지 않았기 때문이다. 인간이 사고하고 행동하는 것도 뇌를 거치기에 인간의 뇌가 제대로 파악되지 않는 한 영화에서 보는 인공지능을 구현할 수는 없다.

영화에서 보는 인공지능은 인간처럼 사고하고 행동한다. 그렇기에 인간처럼 공감을 하고 자기 의견을 말할 수 있는 것이다. 이런 인공지능을 구현하려면 지금의 인공지능처럼 계산만 하는 것에서 벗어나 그 이상의 능력을 할 수 있어야 한다. 즉 '예/아니오'로 판단할 수 있는 것만 처리하는 것을 넘어서야 하는 것이다. 그러기 위해서는 '프로그램된 인공지능'의 틀에서 벗어나야 한다.

08

현재 인공지능의 한계 5 - 경험을 할 수 없다

우리나라 남자들, 특히 군대를 다녀온 사람이라면 김광석의 '이등병의 편지' 노래를 들으면 공감을 한다. 이 노래의 가사가 군입대 하던 날의 모습을 잘 묘사하고 있고, 김광석의 목소리가 더해져 공감도가 올라가는 것이다. 다시 말해 경험에서 나오는 공감이라 할 수 있다.

그런데 이런 공감을 인공지능은 할 수 있을까? 할 수 없다. 기본적으로 공감은 경험을 해야 할 수 있는 것이다. 괜히 '동병상련'이라는 말이 나온 것이 아니다. 인공지능은 경험을 할 수 없기에 공감을 하는 것은 불가능하다. 지금의 폰 노이만 컴퓨터는 계산만 하지 경험은 할 수 없다. 여기서 오해하면 안 되는 게 학습과 경험은 다른 것이다. 학습과 경험의 차이는 생각하고 느낀 것이 있는지 없는지의 차이다.

경험은 생각하고 느끼는 것이다

2002년 월드컵 경기장면을 보면 그해 6월이 떠오른다. 여럿이 모여 대표팀을 응원했던 기억, 골에 울고 울었던 기억이 자연스레 떠오른다. 그러면서 당시 청춘이어서 다행이라는 생각도 함께한다. 당시 고3이었다면 제대로 월드컵을 즐기지 못했을 것이다. 게다가 나는 월드컵이 열리기 8개월 전인 2001년 전역을 했다. 그렇기에 편하게 즐겼는데, 현역군인이라면 그렇게 하지 못했을 것이다.

그리고 소프라노 조수미가 부른 'Champions'를 들으면 2002년 월드컵이 생각나는 것도 이와 같다. 이 노래가 나왔던 것이 월드컵이 열리던 2002년이었다. 게다가 월드컵 기간에 방송에서 많이 틀어줘서 이 당시를 기억하는 사람이라면 이 노래를 들으면 2002년 월드컵이 떠오르는 것이다. 그만큼 2002년 월드컵의 강렬하게 남아 있고, 이 당시를 떠올리게 하는 노래가 이 노래이기 때문이다.

이런 것은 경험을 했기에 느끼고 생각하게 되는 것이다. 과연 인공지능은 인간처럼 하는 것이 가능할까? 불가능하다. 지금의 인공지능은 생각을 하지 못한다. 이 말은 느끼는 능력도 없다는 것이다. 그렇기에 경험하는 것은 불가능하다. 물론 알파고처럼 학습은 가능하다. 알파고는 학습한 것을 토대로 대국을 한다. 즉, 빅데이터에 저장된 수를 그대로 가져오는 것에 불과하다. 알파고는 인간처럼 상대의 심리를 역이용한 대국을 펼칠 수는 없다.

누가 봐도 진 대국이고, 지금 돌을 던져서 포기해도 이상하지 않은 대국에서 끝까지 간다면 상대는 초조해진다. 특히나 상대가 고수라면 히든카드가 있는 것으로 생각하고 멘탈이 무너지는 경우가 많다. 이렇게 되면 이긴 바둑을 지는 경우가 발생한다. 이것은 승리한 입장에서는 포기하지 않으면 이길 수 있다는 것을 느끼는 것이고, 유사한 상황에서도 이와 같은 방법을 쓰겠다고 생각한다.

이러한 것은 인공지능은 불가능하다. 빅 데이터에 없는 수가 나왔을 때 당황하는 경우는 있어도 이런 경우는 없다. 이세돌 9단과 알파고의 네 번째 대국이 이것을 잘 보여준다. 빅 데이터에 없는 수가 나오자 결국 포기를 한 것이다. 알파고는 이 대국을 빅 데이터에 저장만 하지, 다음 대국에 또 빅 데이터에 없는 수가 나오면 똑같이 항복을 한다. 어떻게 해야 되는 생각을 하지 못하는 것이다. 결국 이것은 알파고가 느낄 수 없기 때문이다.

경험을 하는 것은 바로 느끼고 생각하는 것이 반드시 있어야 된다. 우리가 일상생활에서도 이렇게 하면 안 되겠다고 생각하고 새로운 방법을 찾는 것도 느낌과 생각이 동반된 경험을 하기 때문이다.

인공지능은 경험이 없기에 창조를 못한다

경험을 한다는 것은 창조를 하는 것과 연결되어 있다. 창조는 기존의 것을 바탕으로 융합해서 새로운 것을 만드는 것인데, 이것은 경험이 동반되어야 하는 것이다. 연필로 쓴 글을 고치려고 하는데 지우개를 찾을 때, 바로 찾으면 문제가 없지만 그렇지 않다면 시간 낭비에 짜증이 나기도 한다. 이것을 보완하고자 지우개 달린 연필을 발명한 것이다. 불편한 경험을 했고, '어떻게 하면 지우개를 빨리 찾을 수 있을까.' 하는 생각을 한 것이다. 이것이 지우개 달린 연필로 나온 것이다.

지우개 달린 연필뿐만 아니라 노트북도 마찬가지다. 모니터, 본체, 키보드, 마우스 등을 휴대해서 가지고 다니기에는 무게가 무겁고 부피가 큰 문제점이 있었다. 이런 불편함을 느끼고, 휴대할 수 있는 컴퓨터를 생각하게 되었고, 이것이 노트북이란 제품으로 나온 것이다. 노트북은 일체형이기에 휴대하고, 사용하는 데 데스크톱보다 훨씬 편리하다. 노트북도 경험을 통한 불편함 때문에 나온 것이다.

반면에 인공지능은 경험을 못 하기에 창조를 할 수 없다. 제품을 사용하다가 불편한 점이 있는지, 어떻게 개선해야 되는지는 느끼고 생각을 해야 되는데 인공지능은 이런 것을 할 수 없다.

우리가 접할 수 있는 수많은 발명품들은 기존 제품이나 방식을 사용할 때 불편한 점을 느꼈고, 이것을 개선해야겠다는 생각을 하면서 나온 것이다. 운이 좋아 얻어걸린 것이 아니다. 그리고 기존에 있던 것 여러 개를 융합해서 새로운 것을 만드는 것도 마찬가지다. 전화, 컴퓨터, MP3를 하나의 기계에 구현하면 휴대하기에 편리할 것이라 생각을 했고, 그 결과 스마트폰이라는 제품으로 나온 것이다. 전화, 컴퓨터, MP3는 공통의 접점이 없는 것인데 하나의 제품에 녹여낸 것이다. 이것이 바로 인간과 인공지능의 차이다.

인공지능은 공통의 접점이 없는 것을 서로 연결하는 능력을 가지고 있지 않다. 빅 데이터를 연결시키려고 해도 서로 간에 공통적인 부분이 있어야 한다. 대학교 학점을 계산하는 프로그램을 만들려면 내가 신청한 과목의 데이터를 불러와야 하고, 담당 교수가 각자 다르다. 여기서 어떤 과목을 내가 신청했는지 알 수 있는 부분은 바로 학번이다. 이름은 동명이인이 있을 수 있지만 학번은 개인마다 고유한 것이기에 유일한 값을 가진다. 이것이 있기에 데이터를 가져와서 학점을 계산하는 것이다. 이처럼 인공지능은 빅 데이터 간에 공통점이 있어야 하나로 묶을 수 있다.

인공지능은 프로그램되어 있는 대로 구동될 뿐, 어떤 점에서 불편하고, 어떤 점을 개선해야 되는지 스스로 판단할 수 없다. 이것이 바로 창조의 바탕인데, 반드시 생각하는 능력이 있어야 하는 것이다.

인간은 경험하기에 기존의 것을 바탕으로 하고, 여러 개를 융합시켜 새로운 것을 창조하는 것이 가능하다. 이것은 기본적으로 인간이 경험을 하기에 가능한 것이다. 여기서 경험은 생각하고, 느끼는 것이다. 불편한 것이 있어야 이것을 개선하는 방법을 생각할 수 있고, 새로운 것을 만들 수 있는 것이다.

이런 점에서 인공지능은 창조는 불가능한 것이다. 아무리 소설을 쓰고, 음악을 작곡하고, 그림을 그린다고 해도 베끼는 것 그 이상도, 그 이하도 아니다. 이것이 지금 인공지능의 한계이자 폰 노이만 컴퓨터의 한계이다.

09

현재 인공지능의 한계 6 - 모호한 것을 처리할 수 없다

우리가 생활 속에서 처리하는 정보에는 의미나 값이 명확한 경우도 있지만 모호한 경우도 있다. '모호하다'는 것은 분명하지 않다는 것이다. 즉, 정확한 기준을 잡을 수 없다는 것이다.

우리가 인식하지는 않고 그냥 지나치지만 무의식적으로 모호한 말을 많이 사용한다. 춥다, 덥다, 맵다, 짜다 같은 것은 우리가 많이 사용하는 단어들인데 기준을 잡을 수 없는 것들이다. 기준을 잡을 수 없다면 정확한 데이터를 추출할 수 없어서 인공지능을 구현할 수 없다. 이를 표현하고자 등장한 것이 '퍼지이론'이다.

'퍼지이론'은 '불확실한 상태, 불분명한 상태'를 표현하기 위한 방법으로 고안된 것이다. 즉, 모호한 자료를 데이터화해서 정리하면 인공지능에도 적용할 수 있는 것이다.

인공지능에 적용 가능한 '퍼지이론'

우리가 '춥다'고 말하는 기준은 무엇일까? '덥다'고 말하는 기준은 무엇일까? 이것은 개인마다 기준이 제각각이다. 내가 군복무를 하던 2001년 1월은 날씨가 무척 추웠다. 근무하던 곳이 산속에 위치해서 도심보다 기온이 2~3도 정도 낮았다.

하루는 아침 최저기온이 -23℃, 기온이 가장 높은 시간의 온도도 -17℃일 정도로 추운 날씨였다. 이날 아침 경계근무를 설 때 입김이 얼 정도였고, 물을 부으면 바로 얼 정도였다. 경남에서 자란 나는 이런 날씨는 처음이었다. 추위를 안 타는 내가 엄청 춥다고 느낄 정도니 말은 다 한 것이다.

이날(마침 이날이 주말이었다.) 오후 2시 반 경 친척 동생에게 전화를 걸었다. 동생은 이날 부산의 기온이 -9℃라며 엄청 춥다고 했는데, 나는 이 말을 듣고 어이없는 웃음을 지었다. 나는 "여기는 지금도 -17℃다. -9℃가 뭐가 춥냐?"고 쏘아붙였다. 내가 쏘아붙이자

그녀는 "군대는 원래 추운 거 아니냐."고 반문했는데, 이 말을 듣고 정말 어이가 없어서 "아침에 -23℃고, 이 정도면 물을 쏟으면 바로 얼어버린다. 그러니 -9℃ 가지고 춥다고 하지마라."고 했다.

이 말을 들은 사촌 동생은 많이 삐졌다. 내가 이 이야기를 한 이유는 춥다고 느끼는 기준이 개인마다 다르다는 것을 말하기 위함이다. 내가 살고 있는 환경에 따라 '춥다'고 느끼는 온도가 다른 것이다. 이것을 표준화해서 '몇 ℃ 이하면 춥다'라고 정의할 수 없는 것이다.

외국인 친구 중에 캐나다 캘거리에서 온 메튜라는 친구가 있다. 이 친구는 한겨울에도 반바지에 반팔 티를 입고, 맨발에 슬리퍼를 신고 다닌다. 그와 같이 가면 주변 사람들이 신기해서 쳐다보기도 한다. 사람들이 메튜를 신기하게 쳐다보는 이유는 각자 자기들만의 기준으로 생각하기 때문이다.

-5~6℃ 정도면 우리나라 사람들 대부분은 춥게 느끼지만 추운 곳에서 온 메튜 같은 경우는 이 날씨는 우리나라 사람이 생각하는 봄이나 가을 날씨 정도다. 그래서 춥다고 느끼지 않고, 여름에나 입고 다닐 복장을 하고 다닌 것이다. 즉, '춥다', '덥다'는 것은 개인마다 기준이 달라서 모호하기 때문에 데이터화할 수 없는 것이다. 하지만 최근 출시된 냉난방기에는 '인공지능' 기능이 있다. 이것은 무엇을 뜻하는 것일까?

냉난방기에 적용된 '인공지능'이 퍼지이론이다. 냉난방기의 인공지능 모드는 쾌적한 온도를 맞춰주는 것이다. 그런데 쾌적한 온도는 데이터화해서 표준화할 수 없는 것이다. 즉, 개인마다 쾌적하게 느끼는 온도가 다르다.

냉난방기의 '인공지능' 모드는 쾌적하다고 느끼는 데이터를 수집해 빅 데이터를 만들고 평균 구간을 구한다. 평균 구간이 구해지면 이 구간을 자동으로 오고 갈 수 있게 만드는 것이 '인공지능 모드'다. 에어컨의 경우 20~24℃를 왔다 갔다 하게 세팅을 해놓으면 이 구간을 자동으로 왔다 갔다 하면서 온도를 조절한다. 이것이 '퍼지이론'을 응용한 것이다.

모호한 것은 일부만 처리 가능하다

모호한 값을 '퍼지이론'으로 적용하는 것은 단지 일부분에 지나지 않는다. '퍼지이론'으로 적용을 하지 못하는 것도 많이 존재한다. 대표적인 것으로 '적당히'라는 말이 있다. '적당히'는 기준이 없을뿐더러 평균값을 낼 수 없다.

내가 가끔 요리를 하면 먹는 사람이 항상 하는 말이 "소금 적당히 넣어라.", "고추장 적당히 넣어라."는 말이다. 여기서 어느 정도를 넣어야 적당히 넣었다고 할 수 있을까? 여기에는 답이 없다. 개인의 입맛이 다르기 때문에 적당히 넣는 기준도 개인마다 다른 것이다. 설렁탕 집에 가면 테이블에 소금을 넣어 먹을 수 있게 준비되어 있는 것도 이런 이유다. 손님들의 입맛이 제각각인데 간을 적당하게 할 수 없는 것이다. 그래서 싱겁게 해서 내주되 테이블에 비치된 소금으로 간을 맞추라는 것이다.

'적당히 하라'는 것은 냉난방기처럼 '퍼지이론'을 적용해 '인공지능 모드'를 만들 수 없다. '적당히'는 평균값을 낼 수 없다. 게다가 상황에 따라 같은 사람이라도 느끼는 것이 다르기에 더더욱 데이터화할 수 없는 것이다.

'퍼지이론'을 적용하기 위해서는 평균값도 있어야 하지만 기준점도 있어야 한다. 기준점은 일상생활에서 많이 쓰인다. 육상선수나 수영선수가 올림픽이나 세계선수권에 출전하기 위해서는 기준기록을 넘어서야 한다. 기준기록은 매 대회마다 다르게 적용이 된다. 기준기록이 있기에 참가하는 선수를 제한할 수 있는 것이다. 이것은 '퍼지이론'도 동일하게 적용된다.

'퍼지이론'이 적용된 혈압계 같은 경우는 기준점이 있다. 기준점을 기준으로 이보다 높으면 고혈압, 낮으면 저혈압으로 판정을 한다. 만약 기준점이 없으면 어떻게 될까? 고혈압, 저혈압 판정이 뒤죽박죽이 될 것이고, '퍼지이론'도 적용할 수 없을 것이다. 이렇게 되면 '인공지능' 기능을 탑재할 수도 없다.

퍼지이론의 한계

'퍼지이론'이 적용된 '인공지능 제품'이 나오고 있지만, 분명 이에 대한 한계도 존재한다. '퍼지이론'은 모호한 것을 처리하지만 인간 생활에 쓰이는 모든 것을 처리할 수는 없다. '인공지능'의 목표가 인간처럼 사고하고 행동하는 기계를 만드는 것인데 이를 극복해야만 한다.

'퍼지이론'의 한계는 인간처럼 다양성을 표현할 수 없다는 것이다. 즉, '퍼지이론'으로는 각자의 개성을 표현할 수 없다. 같은 부모에게서 태어난 일란성 쌍둥이라도 개성은 각자 다르다. 하지만 인공지능은 모든 기계가 동일한 기능을 수행하는데 바로 이것이 인간과의 차이다.

'퍼지이론'이 모호한 것을 처리한다고 하더라도 일부분만 처리할 수 있다. 인공지능이 인간처럼 하기 위해서는 일부분이 아니라 모든 모호한 값을 처리할 수 있어야 하고, 각자의 개성도 표현할 수 있어야 한다.

10

현재 인공지능의 한계 7-
다양성을 구현할 수 없다

나와 비슷한 7~80년대 생 까지는 친구 중에 쌍둥이가 있는 경우가 대부분이다. 쌍둥이들을 바라보면 겉모습은 닮은 것 같지만 개성은 각자 다르다. 내 친구 중에도 쌍둥이가 여럿 있는데 그중에 고등학교 시절 문과와 이과로 진로를 경정할 때 다르게 선택한 경우가 있었다. 지금은 문과와 이과를 구분하지 않지만 얼마 전까지만 해도 구분을 했다. 일반적으로 쌍둥이라면 같은 선택을 할 것이라 생각을 하는데 꼭 그렇지는 않다. 아무리 쌍둥이라도 생각은 각자가 다르기에 선택도 다르게 할 수 있는 것이다. 즉, 쌍둥이도 개성이 있고, 다양성을 표현할 수 있는 것이다.

인간은 다양성을 가지기에 개인마다 표현하는 방법도 다르다. 같은 것을 말할 때 어떤 사람은 비유로 말하는가 하면, 또 어떤 사람은 직설적으로 말하는 경우가 있다. 이것은 방법의 옳고 그름을 판단하는 것이 아니라 개인마다 표현하는 방법이 다른 것을 표현하는 것이다. 그렇다면 '인공지능'은 인간처럼 다양성을 표현하는 것이 가능할까? 결론부터 말하자면 불가능하다.

인공지능이 다양성을 구현하지 못하는 이유

지금의 '인공지능'이 다양성을 표현하지 못하는 이유는 바로 스스로 할 수 있는 것이 하나도 없기 때문이다. 얼마 전 도심을 달리는 차량의 제한 속도가 시속 60km에서 50km로 조정되었는데 나를 포함해서 운전하는 사람들은 이 변화에 어렵지 않게 적응을 했다.

인간은 변화가 있으면 변화를 인지하고 생각해서 변화에 맞춰서 행동을 한다. 제한 속도가 조정되면 조정되는 것에 맞춰서 생각을 하고 운전을 하지만 인공지능은 그렇게 하지 못한다.

인공지능이 변화에 적응하려면

```
if 속도 =< 60 than
        printf("정상");
else
        printf("과속");
end if
```

로 프로그램된 것을

```
if 속도 =< 50 than
        printf("정상");
else
        printf("과속");
end if
```

로 인간이 직접 프로그램 코드를 변경해 줘야 한다. 즉, 인공지능은 스스로 생각하고 판단을 해서 프로그램을 수정할 수 없다는 것이다. 이것이 인간과 인공지능을 가르는 차이이다.

스스로 할 수 없는 것이 하나도 없다는 것은 다양성을 구현하지 못하는 것이다. 쌍둥이라도 전공이 다른 것과 고등학교 시절 3년 동안 같은 반이었던 친구들의 전공에 제각각인 것은 바로 개인마다 생각하는 것과 가치관이 다르기 때문이다. 즉, 다양성이 있기 때문이다.

다양성은 각자가 스스로의 생각을 가지고 가치관에 따라 행동할 때 나타나는 것이다. 그런데 지금의 인공지능은 어떤가? 동일한 운영체제에 동일한 프로그램이 설치된 기계라면 동일한 일을 하지 기계마다 특색 있는 일을 하지 않는다. 바로 이것이 인간과 인공지능의 차이다.

다양성 표현의 한계는 폰 노이만 컴퓨터의 한계

지금의 인공지능이 다양성을 표현할 수 없는 가장 큰 이유는 바로 인공지능의 근간을 이루는 컴퓨터가 '폰 노이만 컴퓨터'라는 것이다. '폰 노이만 컴퓨터'의 시작은 1951년에 나온 '에드박'이다. 이 이후의 컴퓨터는 구동 방식에 있어서 에드박과 동일하고, 이것을 만든 사람이 최고의 천재 '폰 노이만'이었기에 '폰 노이만 컴퓨터'라는 이름이 붙은 것이다.

'폰 노이만 컴퓨터'의 특징은 2진법과 프로그램 내장방식을 사용한다는 것이다. 사실 '에드박' 이전의 컴퓨터인 '에드삭'도 '프로그램 내장방식'을 사용했지만, '에드박'과의 차이는 10진법을 사용했다는 것이다. 즉, 지금처럼 2진법 체계를 사용한 것은 '에드박'이 처음이다.

여기서 말하는 '프로그램 내장방식'은 프로그램이 컴퓨터의 보조기억장치에 설치되어 있고, 필요할 때마다 불러서 쓰는 방식이다. 쉽게 말해 우리가 지금 컴퓨터를 사용할 때 운영체제와 응용프로그램을 한번 설치해 놓으면 이상이 있거나 업그레이드 버전을 설치하기 전까지는 계속해서 사용할 수 있다는 것이다. 이것이 없었다면 우리가 컴퓨터를 사용할 때마다 매번 전원을 켜고 운영체제를 설치하고 응용프로그램을 설치해야 된다. 이렇게 되면 컴퓨터를 사용할 이유가 없다. 차라리 종이에 쓰는 것이 빠르기 때문이다.

여기서 또 하나 '폰 노이만 컴퓨터'의 가장 큰 특징은 오직 '연산'만 할 수 있다는 것이다. '폰 노이만 컴퓨터'의 모든 작업은 연산에 의해서 이루어진다. 연산에는 '덧셈, 뺄셈, 곱셈, 나눗셈'의 '산술연산'과 'yes나 no'로 답하는 것을 처리하는 '논리연산'이다. 즉, '폰 노이만' 컴퓨터에서는 '산술연산'과 '논리연산' 이외의 것은 아예 처리할 수 없다. 바로 이것이 인간과의 차이다.

우리가 일상생활을 하는 데 있어 '산술연산'과 '논리연산'도 처리하지만 그 외의 것도 처리한다. '어떻게 하면 판정논란을 줄일 수 있을까?'와 같은 '논리연산'으로는 답할 수 없는 것도 처리 가능하다. '어떻게 하면 판정논란을 줄일 수 있을까?'와 같은 질문에는 정해진 답이 있는 것이 아니라 여러 가지 방법이 나올 뿐이고, 이런 방법 중에서 최선의 방법을 찾는 것이다. 그래서 '알파고'의 경우 룰을 변경하거나 새로운 룰을 도입하자는 생각을 할 수도 없고, 자신만의 의견을 표현할 수 없는 것이다. 그래서 동일한 운영체제에 동일한 프로그램이 설치된 기계에는 동일한 작업을 수행할 수밖에 없는 것이다.

지금의 '폰 노이만 컴퓨터'를 베이스로 하는 인공지능은 인간처럼 생각을 할 수 없다. 그렇기에 프로그램의 틀에서 벗어나지 못하는 것이다. 우리가 볼 수 있는 인공지능은 '폰 노이만'의 틀에서 벗어나지 못했기에 다양성을 표현할 수 없다는 한계를 가질 수밖에 없다.

PART 4

ARTIFICIAL INTELLIGENCE

인간과 인공지능

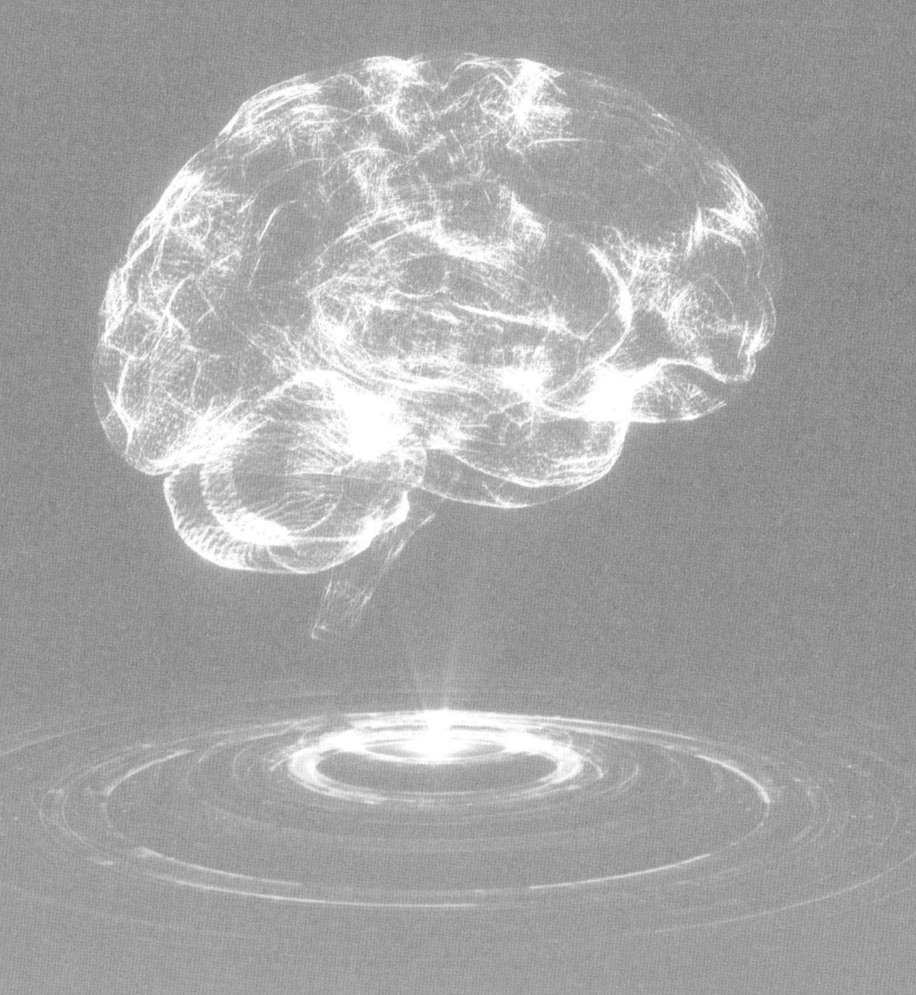

01

인간과 인공지능, 공존할 수 있을까?

인공지능 시대 가장 이상적인 장면은 인간과 인공지능이 공존하는 것이다. 어떻게 하면 인간과 인공지능은 공존할 수 있을까? 인간이 인공지능과 공존하는 것이 가능한지 판단하기 위해서는 지나간 역사를 보면 알 수 있다. 역사는 미래를 비추는 거울이기에 잘 살펴봐야 한다.

러다이트 운동 실패의 교훈

지난 18세기 후반 산업 생산방식이 공장제 수공업에서 공장제 기계공업으로 바뀌었다. 그동안 인간이 하던 일을 기계로 대체하게 된 것이다. 이로 인해 그동안 공장에서 일했던 근로자 대부분은 하루아침에 직장을 잃게 되었다. 그도 그럴 것이 기계의 생산 효율성이 인간보다 높았고, 인건비가 들어가는 것을 생각하면 초기 비용이 들더라도 기계가 생산하는 것이 회사 입장에서는 이익이 되기 때문이었다.

이 시기 일자리를 잃은 사람들은 '기계만 없으면 내 일자리가 생길 것'이라는 생각을 하게 되었고, 이를 실행으로 옮겼다. 이것이 '러다이트 운동'이라고 부르는 '기계파괴운동'이다. 이 '러다이트 운동'은 결과적으로는 실패로 끝이 났다.

실패로 끝난 '러다이트 운동'은 우리에게 시대의 흐름은 거스를 수 없다는 교훈을 준다. 그래서 인간은 인간만이 할 수 있는 일을 찾아 나섰다. 많은 공장에서 기계가 요구되면 기계를 설계하는 사람, 기계를 만드는 사람이 필요하다. 여기에 더해 이들을 가르치는 사람 또한 필요하기에 이 분야의 일자리가 늘어났다. 기계는 과일을 깎는 칼처럼 고장이 나면 쉽게 새것으로 바꿀 수 있을 만큼 가격이 싼 것도 아니다. 그래서 기계가 고장이 나면 수리하는 사람이 필요했고, 이를 가르치는 사람이 필요하면서 일자리가 늘어나게 되었다.

이처럼 18세기 1차 산업혁명이라 부르는 산업혁명 초기 인간은 기계화에 대한 거부감을 나타냈지만 시대의 흐름은 막지 못했다. 이 속에서 인간은 인간만이 할 수 있는 일을 특화시켰다. 이것은 우리가 살고 있는 4차 산업혁명시대도 마찬가지이다. 이제 인간과 기계의 공존을 넘어 인간과 인공지능의 공존을 생각해야 할 때다.

인간과 인공지능이 공존하기 위한 선결 조건

인간과 인공지능이 공존하기 위해서는 인간과 인공지능의 강점을 정확히 알아야 한다. '러다이트 운동' 이후 인간과 기계가 공존할 때 인간은 인간과 기계의 장점을 정확히 파악했다. 쉽게 말해 인간의 강점이 곧 기계의 약점이고, 기계의 강점이 인간의 약점이다. 기계가 생산성에서는 인간에 비해 훨씬 앞서지만 스스로 기계를 설계하거나 고장이 나면 수리할 수는 없다. 게다가 업그레이드하는 것도 불가능하다. 이런 것은 인간만이 가능하기에 인간이 특화시킨 것이다.

이런 것을 본다면 인간과 인공지능의 관계도 마찬가지일 것이다. 인간과 인공지능, 여기서 말하는 인공지능은 지금의 인공지능이다. 지금 이 시점에서 영화에서 볼 수 있는 인공지능과 비교하는 것은 지금 구현하는 것이 불가능하기 때문에 실체가 있는 지금의 인공지능과 비교하는 것이다. 지금의 인공지능은 현재 나와 있는 제품이 많기에 사용하면서 비교가 가능하다.

지금의 인공지능은 '폰 노이만 컴퓨터'에 최적화된 인공지능이다. 즉, 연산에만 최적화되어 있다는 것이다. 실제 우리가 볼 수 있는 인공지능 제품은 계산만 하고, 빅 데이터에 있는 자료를 벗어날 수도 없다. 빅 데이터에 없는 내용은 인간이 입력하지 않는 한 알 수 없다는 것이다.

게다가 빅 데이터라도 공통된 요소가 있어야 서로 연결할 수 있다. 블록체인도 바로 이것을 바탕으로 한다. 그런데 서로 공통된 요소가 없으면 연결을 하는 것이 불가능하다. 그래서 인공지능은 창조를 하지 못하는 것이다. 물론 짜깁기는 가능하지만 이것은 창조가 아니다. 이것이 지금 인공지능의 단점이다. 반대로 말하면 이것은 인간이 가진 최대 장점이다. 이렇게 확실히 인간과 인공지능의 장점을 알았다면 인간의 강점을 특화하는 것이 '인간과 인공지능 공존'의 선결 조건이다.

인간의 강점을 특화시켜야 한다

인간과 인공지능이 공존하기 위해서는 인간의 강점을 특화시켜야 한다. 인공지능과 비교한 인간의 강점은 창의와 융합 능력이다. 이것은 창조의 바탕이 되는데, 인공지능은 할 수 없는 부분이다.

헨델의 '사제 사독'과 축구에 관심이 있다면 한 번쯤은 들어봤을 UEFA(유럽축구연맹) 챔피언스리그 오프닝 음악인 'Ligue Des Champions'의 앞부분이 유사하다는 것을 어렵지 않게 눈치챌 수 있다. 이 곡을 작곡한 토니 브리튼이 헨델의 '사제 사독' 앞부분을 편곡해서 사용했고, 뒷부분은 직접 작곡한 것이다. 이것은 기존에 있던 것을 바탕으로 새로운 것을 만든 것이다. 그래서 'Ligue Des Champions'가 짜깁기한 것이 아니라 새로운 곡이라고 말하는 것이다.

그렇다면 인공지능은 이렇게 할 수가 있을까? 인공지능이 음악을 작곡했다는 기사를 봤을 것이다. 하지만 어디까지나 이것은 기존의 곡을 짜깁기한 것이지 새롭게 만든 것이 아니다. 그래서 창조라고 할 수는 없고, 음악을 작곡했다고 말할 수도 없는 것이다.

이와 유사하게 영국 BBC에서 방영된 베네딕트 컴버배치 주연의 드라마 시리즈 〈셜록〉도 새롭게 만든 것이라 할 수 있다. 드라마의 각 회차 제목을 보면 아서 코난 도일의 《셜록 홈즈》 시리즈의 제목과도 같지만 내용은 다르다. 아서 코난 도일의 작품에서 시대적 배경은 19세기 말~20세기 초인데 반해 드라마의 배경은 21세기이다. 물론 주인공인 셜록 홈즈와 왓슨은 동일하다.

드라마에서 홈즈가 기차를 타고 다니지만 소설처럼 증기기관차가 아닌 고속열차나 지하철이다. 게다가 사건의뢰도 소설에서는 우체국 직원이 배달해 주는 편지를 통해서 하지만 드라마에서는 이메일을 통해서 한다. 이 밖에도 소설에서는 마차를 타고 다니지만 드라마에서는 자동차를 직접 운전하고 아이폰이나 아이패드를 사용한다. 이처럼 소설을 바탕으로 했지만 재구성을 했기에 그 누구도 소설을 베꼈다고 하지 않고 재창조했다고 하는 것이다.

이것은 셜록 홈즈와 21세기 서로 관련 없는 것을 연결시켜 재탄생시킨 것이다. 이것이 인공지능과의 차이점이다. 인공지능은 셜록 홈즈와 21세기는 연결점이 없기에 융합을 할 수가 없다. 혹자는 소설이나 드라마나 영국 런던이 배경인데 이것이 공통점이 아니냐고 하는데, 공통점이기는 하지만 시간적인 차이가 있다. 인공지능은 셜록 홈즈와 21세기를 연결시킬 수 없다. 인간은 '21세기의 홈즈라면 어떻게 사건을 해결했을까?'라는 질문과 이에 대한 답을 찾는 것이 가능한데 인공지능은 이것이 불가능하다. 그렇기에 인공지능은 드라마 셜록의 시나리오를 쓸 수 없는 것이다. 바로 이런 부분을 인간은 특화시켜야 하는 것이다.

최초의 폰 노이만 컴퓨터인 '에드박'이 나왔을 때까지만 해도 계산 대결을 하면 인간이 컴퓨터를 이겼다. 하지만 하드웨어와 소프트웨어가 고도화된 현재는 이것이 불가능하다. 더 이상 계산을 하는 부분에서는 인간이 인공지능을 이길 수 없는 것이다. 그렇기에 더 이상 계산 영역은 인간에게 경쟁력이 없다. 그래서 창의와 융합, 즉 창조하는 능력을 특화시켜야 공존을 할 수 있다.

인간과 인공지능의 공존은 '상호보완'이다

인간과 인공지능은 공존을 향해 나아가야 하는 것이 시대적 흐름이다. 공존을 하기 위해서는 서로 경쟁하는 것보다 '상호보완'을 해야 한다. '상호보완'은 서로의 장점을 극대화하는 것이다.

축구경기를 보면 가끔 키 큰 선수와 키 작은 선수를 최전방에 놓기도 한다. 이것은 '빅 앤 스몰(big and small)' 조합이라고 하는데 이것이 대표적으로 서로의 장점을 극대화하는 것이다. 키가 큰 선수들은 대부분이 스피드 면에서는 느릴 수밖에 없다. 대신 공중 볼 처리에는 강점이 있다. 반대로 키가 작은 선수는 공중 볼에는 약하지만 스피드는 빠르다.

이처럼 서로 다른 스타일의 선수들이 최전방에 있으면 수비수들이 막는 데 애를 먹는다. 둘 다 키가 크거나 둘 다 키가 작고 빠르면 오히려 수비는 막기가 쉽다. 그래서 장점을 살리지 못하기에 공존을 하기가 쉽지 않다. 반대로 빅 앤 스몰 조합은 두 선수가 위치를 바꾸면 수비수들은 혼돈에 빠질 수 있어 그만큼 막기 힘든 것이다. 이것이 바로 서로의 장점을 극대화해 공존하는 것이다.

인간과 인공지능도 마찬가지다. 인간은 창조적인 면에서 강점을 보이고 인공지능은 계산하는 면에서 강점을 보인다. 서로의 장점을 극대화하는 것이 공존하는 길이다. 1차 산업혁명 때도 인간과 기계는 공존의 길을 택했다. 당시 인간은 생산력 측면에 있어서는 절대 기계를 이길 수 없다. 그렇기에 이전으로 돌아가는 것이 불가능했다. 이런 상황에서 인간은 기계설계, 교육, 수리 같은 인간만이 할 수 있는 것을 극대화시켜 공존을 해왔다.

인간과 인공지능의 관계도 마찬가지다. 인간이 아무리 빠른 계산 능력을 가진다고 해도 인공지능이 계산하는 것만큼의 속도를 낼 수 없다. 계산 능력에 있어서는 인간이 더 이상 비교우위를 가질 수 없다. 인공지능도 소설을 쓰고, 음악을 작곡하고, 그림을 그릴 수 있지만 인간처럼 창조 능력을 발휘할 수는 없다.

인공지능이 인간처럼 기존의 것을 바탕으로 새로운 것을 창조하는 것은 현실적으로 불가능하다. 계산 능력이 극대화된 지금의 인공지능에서는 절대 할 수 없다. 즉 서로 관련 없는 빅 데이터를 연결시킬 수 있는 능력을 인공지능은 가지고 있지 않기 때문이다.

이런 점에서 인간과 인공지능이 공존을 하려면 서로의 장점을 극대화해서 상호보완을 해야만 한다. 그래야 인공지능을 편리하게 사용할 수 있는 것이다.

02

인간과 인공지능의 장단점

인간과 인공지능의 장단점을 명확히 알고 있는 사람은 얼마나 될까? 아마도 많지 않을 것이다. 인간과 인공지능이 공존하기 위해서는 이것을 명확히 알아야 한다. 손자병법에는 '지피지기면 백전불태'라는 말이 나온다. 종종 '지피지기면 백전백승'으로 오인하고 있는데 정확한 말은 '지피지기면 백전불태'다. 이 말은 '나를 알고 상대를 알면 백 번 싸워도 위태롭지 않다.'는 뜻을 가지고 있다. 백전백승을 한다는 뜻은 결코 아니다. 위태로운 상황에 빠지지 않는다는 것이다.

여기서 중요한 것은 나를 아는 것이다. 물론 상대를 아는 것도 중요하지만 그 전에 나를 제대로 알아야 한다. 나를 잘 알고 있어야 상대를 아는 것과 더불어 시너지 효과를 낼 수 있다.

축구에서도 상대에 대한 전술을 짤 때 가장 우선시 되는 것이 우리를 제대로 아는 것이다. 우리를 제대로 알아야 상대에 맞는 전술을 짤 수 있는 것이다. 월드컵 본선에서 우리의 위치를 제대로 알고 전술을 짤 때 효과는 크다. 우리나라 입장에서 월드컵 본선에서 상대할 팀들은 기본적으로 우리보다 강하기에 이에 맞게 점유율이 상대보다 떨어지는 상황을 가정해서 전술을 짜는 것이다. 하지만 아시안컵에서는 우리가 반대로 상대보다 강하기에 우리가 점유를 한 상태를 가정하고 전술을 짠다. 여기에는 우리의 위치가 어디인지 제대로 알아야 되는 것에 전제가 되어 있는 것이다. 이것은 인간과 인공지능의 관계에서도 마찬가지다. 인간의 장단점을 정확하게 알아야 되는 것이다.

인간의 장점

그리스 신화에서 프로메테우스가 신들에게 불을 빼앗아 인간에게 주었다. 이것은 다른 생물들에게 줄 수 있는 능력을 하나씩 주고 나니 인간에게 줄 것이 남아 있지 않았기 때문이다. 궁여지책으로 준 것이 바로 불이다.

역설적으로 프로메테우스가 준 불은 인간의 장점을 극대화시키는 계기가 되었다. 아프리카에 살았던 초기 인류는 약한 존재였다. 그래서 맹수들의 먹잇감이 되기가 좋았다. 실제 아프리카에서 발견되는 초기 인류의 두개골을 보면 맹수에게 물린 자국이 발견되기도 한다. 이런 약했던 인간이 한순간에 먹이사슬의 가장 위쪽으로 올라가게 되었다. 그 이유는 불과 관련이 있다.

프로메테우스가 인간에게 준 불은 불 이상의 의미를 가지고 있다. 인류는 불을 다른 동물보다 잘 이용했다. 불에 열매나 고기를 익혀 먹는 법을 알게 되었고, 불이 있는 근처에는 맹수들이 얼씬도 못 하는 것을 알게 되었다. 초기에는 자연 발화하는 불에 의존을 했다가 불을 피우는 방법에 대해 생각했고, 이것이 불을 다루는 계기가 되었다.

인간이 불을 다룬다는 것은 다른 말로 도구를 사용한다는 것이다. 불을 사용해서 청동기, 철기를 만들기 시작하면서 문명을 꽃피웠다. 도구를 만든다는 것은 바로 생각을 한다는 것이다. 인간이 생각을 하는 법을 알고 난 후부터 문명은 꽃을 피우기 시작했다.

생각을 한다는 것은 오직 인간만이 할 수 있는 일이다. 침팬지나 오랑우탄 등 유인원도 도구를 사용한다. 하지만 유인원은 자연에 있는 도구를 그대로 사용하지, 그것을 가공하거나 이를 바탕으로 새로운 것을 만들지는 못한다. 유인원은 철광석을 사용해 딱딱한 것을 깨뜨릴 수는 있어도, 가공해서 철을 뽑아내지 못한다. 이것은 생각을 할 수 있느냐 그렇지 않느냐의 차이다.

생각하는 능력이 인간을 먹이사슬의 가장 위쪽으로 이끌었던 것이다. 호랑이나 사자 같은 맹수에 대항해 도구를 만들고 이를 활용했다. 창이나 활을 사용하면 먼 거리에서도 맹수를 제압하는 것이 가능해져 피해를 최소화시킬 수 있었다는 것만 봐도 알 수 있다. 이를 통해 인간은 문명을 발달시킨 것이다.

인간은 18세기 말 산업혁명 이후 기계와 공존을 할 수 있었던 것도 생각하는 능력 때문이다. 생산성 측면에서는 기계를 이길 수 없기에 기계가 할 수 없는 일에 대해서 생각했고, 이것이 기계공학이라는 학문과 기계설계 엔지니어 등의 일자리를 새로 만들게 했다. 이런 것만 봐도 인간이 가진 가장 큰 능력은 생각하는 능력이다.

인간은 생각하는 능력이 있기에 창조하는 능력을 갖추는 것이 가능하다. 창조는 백지상태에서 새로운 것을 만들어내는 것이 아니라 기존의 것을 바탕으로 해서 만들어내는 것이다. 2007년 스티브 잡스가 공개한 아이폰을 보면 기존에 있던 것을 바탕으로 융합해서 만든 것이다. MP3, 전화, 컴퓨터는 기존에 있었던 것이다. 이것을 융합해서 하나의 기계에 구현시킨 것이 아이폰이다.

그렇다면 창조는 인공지능이 하지 못할까? 현실 속 인공지능을 살펴보면 인공지능이 창조하는 것은 불가능하다.

인공지능의 강점

인공지능이 소설을 쓰고, 그림을 그리고, 음악을 작곡하는 것은 엄밀히 말하면 창조하는 것이 아니다. 인간처럼 기존의 것을 바탕으로 새로운 것을 만드는 것은 불가능하다. 인공지능이 하는 것은 짜깁기를 하는 것이다.

1994년 개봉한 영화 〈헐리우드 키드의 생애〉에서 임병석이 쓴 시나리오를 바탕으로 윤명길이 〈가면고〉라는 영화를 만든다. 이 영화는 영화제에서 '각본상'을 받는데, 훗날 윤명길이 임병석이 쓴 시나리오가 과거 어린 시절 같이 봤던 영화들의 대사를 짜깁기한 것임을 알아챈다. 윤명길은 임병석에게 이건 창조한 것이 아니라 표절한 것이라고 따진다.

반면에 영화 〈신과 함께〉는 주호민의 웹툰을 베이스로 했지만 영화화하는 과정에서 재탄생시켰다. 영화 속 이정재가 맡은 염라대왕은 우리가 알던 모습으로 나오지만 웹툰에서는 청바지를 입고 컴퓨터를 잘 다루는 21세기형 염라대왕이 나온다. 이런 것은 영화화하는 과정에서 관객들로 하여금 몰입할 수 있게 하기 위해서 변형한 것이다. 이와 같은 과정이 창조하는 것이라 할 수 있다.

영화 〈헐리우드 키드의 생애〉 속 '가면고'의 시나리오는 지금 인공지능이 소설을 쓰는 과정과 똑같다. 그렇기에 인공지능이 창조를 한다고 할 수 없는 것이다. 게다가 지금의 인공지능은 '폰 노이만 컴퓨터'에 최적화된 것이기 창조할 수 있는 능력을 구현하는 것은 불가능하다. 즉, 창조는 인간만이 할 수 있는 것이다. 그렇다면 인공지능이 강점을 보이는 것은 무엇일까? 바로 계산하는 능력이다.

90년대 까지만 해도 월급 계산을 할 때 전자계산기와 주판을 사용했다. 이렇게 월급 계산을 하면 인원도 많이 투입되어야 되고, 시간도 많이 걸린다. 그러던 것이 2000년대 들어 컴퓨터 프로그램으로 가능해지면서 인원은 줄어들고 시간은 빨라졌다. 게다가 올해 기본급이 작년에 비해 5% 올랐다고 한다면 컴퓨터로 하면 프로그램만 수정하면 자동으로 일괄 계산이 되지만 주판과 계산기를 사용하면 30명이면 30명의 월급을 개별적으로 일일이 계산해야 했다. 중요한 것은 월급을 계산하는 컴퓨터나 인공지능 모두가 폰 노이만 컴퓨터를 바탕으로 구현된 것이다.

내가 '폰 노이만 컴퓨터'를 강조하자 영화 속 인공지능과 비교해 달라는 사람도 많은데, 영화 속 인공지능은 지금 기술로 구현될 수 없을 뿐만 아니라 실체가 없어서 비교하기에는 무리가 있다. 우리가 현재와 과거는 기록, 유물 등 실체가 있어 비교할 수 있지만 현재와 미래는 비교할 수 없는 것과 같다. 그래서 실체가 있는 지금의 인공지능을 비교하는 것이 타당하다. 그래야 직접 확인이 가능하니까.

폰 노이만 컴퓨터를 베이스로 구현된 지금의 인공지능은 생각을 하는 것은 불가능하기에 창조를 할 수 없다. 다만 계산 속도는 인간과 비교하면 엄청나게 빠르다는 장점을 가지고 있다. 알파고도 AI스피커도 자세하게 살펴보면 계산하는 능력에 특화되어 있다.

알파고나 AI스피커를 프로그래밍한 프로그래밍 언어도 폰 노이만 컴퓨터에 최적화되어 있다. 알파고가 최적의 위치에 바둑돌을 두는 것도, AI스피커가 최신 뉴스를 찾아주는 것도 계산, 특히 논리연산으로 이루어져 있다. 바둑을 둘 때 좌표(15, 11) 두면 유리할지 판단하는 것도, '넌 언제나'라는 노래를 찾아서 틀어 줄 때도 논리연산이 적용된다. 즉, 지금의 인공지능은 연산하는 능력에 최적화되어 있다는 것이다.

인간과 인공지능의 공존

계산을 하거나 자료를 찾는 등 단순한 작업에서는 더 이상 인간이 기계를 이길 수 없다. 기계를 이길 수 없다면 인간은 인간만이 할 수 있는 일을 찾아서 특화시키면 공존할 수 있는 것이다.

이제는 단순한 작업은 인공지능에 맡기고 창조와 같은 생각을 많이 하는 분야를 특화해야 한다. 창조를 할 때 생각을 하는 것은 '예/아니오'로 답할 수 있는 질문에 답하는 것이 아니라 '누가, 언제, 어디서, 무엇을, 어떻게, 왜'로 시작하는 질문에 답하는 것이다. 이런 것들은 '예/아니오'로 답을 할 수 없기 때문에 지금의 인공지능으로 구현할 수 없다.

인간과 인공지능이 공존하기 위해서는 인간이 할 수 있는 창조 영역을 특화시켜야만 한다. 창조라는 것은 서로 관련이 없는 여러 데이터를 하나로 융합해서 새로운 것을 만드는 것이다. 이것은 블록체인과는 다른 것이다. 블록체인은 공통점이 있는 데이터를 연결시키는 것이다. 블록체인은 수학 시간에 배운 교집합을 만드는 것과 같다. 교집합은 두 개 이상의 집합에 공통적으로 들어가는 요소를 말하는데, 이를 벤 다이어그램으로 그리면 서로 겹치는 부분이 나오는데 이것이 교집합이다.

블록체인은 인간이 하는 창조보다는 낮은 레벨이다. 블록체인은 인간처럼 서로 관련이 없는 데이터를 가지고 새로운 것을 만들 수 없다. 이런 이유로 창조는 인간만이 할 수 있는 분야라고 하는 것이다.

인간과 인공지능의 공존은 4차 산업혁명시대를 살아가는 사람들의 숙명이다. 시대의 흐름에 맞추어 살아가려면 '러다이트 운동'보다는 강점을 특화시켜 공존하는 방법으로 나아가야 한다.

03

인간은 무엇을 특화해야 할까?

요즘 식당을 가면 '키오스크'를 통해 주문을 하고 결제를 한다. 이로 인해 주문받고 결제하는 일에서는 더 이상 사람이 필요하지 않게 되었다. 만약 주문과 계산을 사람이 한다면 월급과 4대 보험, 초과수당 등을 지급해야 한다. 키오스크는 초기에 도입비용이 많이 드는 점은 있지만, 도입하고 나면 전기세와 유지보수 비용 외에는 들어가는 것이 없어 장기적으로는 이익이 된다. 게다가 고장만 없다면 24시간 365일 쉬지 않고 돌릴 수 있다는 장점이 있다. 게다가 계산의 정확성과 신속성에 있어서는 인간이 더 이상 경쟁력을 가질 수 없다. 이제는 인간이 경쟁력이 있는 분야를 찾아야 한다.

인간이 어떻게 경쟁력 있는 분야를 찾았는지는 역사를 보면 알 수 있다. 지난 18세기 산업 생산방식에 획기적인 변화가 있었다. 그동안 인간이 공장에서 제품을 생산하는 '공장제 수공업' 방식으로 제품을 생산했는데, 산업혁명 시기를 거치면서 기계가 생산하는 '공장제 기계공업'으로 변화했다. 이 과정에서 많은 사람이 하루아침에 일자리를 잃고 거리로 내몰리게 되었다. 이런 과정 속에서 이른바 '러다이트 운동'이라는 기계파괴운동이 일어나게 되었다.

결과적으로 '러다이트 운동'은 실패로 끝나게 되었고, 인간은 새로운 길을 모색해야만 했다. 이 과정에서 인간은 경쟁력이 있는 분야를 찾아야만 했고, 이를 특화해서 지금까지 오게 된 것이다. 기계를 설계하는 분야, 기계를 AS 하는 분야 그리고 이를 가르치는 분야가 이때 특화된 것이다. 이것은 시대의 흐름에 맞춰 인간이 할 수 있는 일을 찾은 것이다. 4차 산업혁명 시대도 마찬가지다.

4차 산업혁명시대는 인간과 인공지능이 공존해야만 하는 시대다. 공존하기 위해서는 인간만이 할 수 있는 것을 특화해야 한다. 인간만이 할 수 있는 것이란, 인간의 강점을 특화하는 것이다.

창조하는 능력을 특화해야 한다

인공지능과 비교해서 인간이 비교우위를 점할 수 있는 것, 인공지능은 하지 못하고 오로지 인간만이 할 수 있는 것은 창조하는 능력이다. 창조하는 것은 백지상태에서 새로운 것을 만드는 것이 아니라 기존의 것을 바탕으로, 이것을 융합해서 새로운 것을 만드는 것이다.

기존의 것을 융합해서 새로운 것을 만들어내는 것은 이전부터 계속해 온 것이다. 불을 사용해서 음식을 익혀 먹고, 수렵과 사냥을 하는 것에서 농업과 축산업으로 전환한 것이 그 시작이다. 불은 인간이 사용하기 전부터 존재했고, 동물과 작물도 마찬가지다. 자연에서 성장하던 것을 인간의 손으로 키우기 시작한 것이 농업과 축산업의 시작이고, 이것을 우리는 '신석기 혁명'이라 부른다.

농업과 축산업도 기존의 것을 바탕으로 새로운 것을 만들어 낸 것이다. 이것은 식량을 안정적으로 얻기 위해 자연에서 성장하던 동물과 식물 중 인간이 비교적 키우기 쉬운 것을 직접 키워보자고 시작한 데서 출발한 것이다.

인간이 다른 동물에 비해 가지고 있는 신체적인 능력은 떨어지지만 지적인 능력은 비교할 수 없을 정도로 뛰어나다. 이것을 특화해서 농사를 시작하면서 더 이상 다른 동물과 경쟁을 하지 않게 되었다. 이것이 인간만이 할 수 있는 일을 특화시킨 것의 시작이다.

신석기 혁명 이후 혁명이라고 부르는 것은 바로 '산업혁명'이다. 이 시기는 기계와 인간이 대결하는 시기였다. 이 시기 생산력 면에서는 기계가 인간보다 훨씬 뛰어났기 때문에 더 이상 생산력에서는 인간이 비교우위를 보일 수 없었다. 그래서 인간만이 할 수 있는 기계설계, 기계설계교육을 특화시킨 것이다.

이런 흐름은 지금의 4차 산업혁명시대도 마찬가지다. 계산하고 검색하는 것에서 더 이상 인간이 인공지능을 이길 수 없다. 그렇기에 인간만이 할 수 있는 일을 찾아야만 한다. 인간만이 할 수 있는 일은 바로 창조를 하는 것이다. 즉, 창의력을 발휘하는 것이다.

4차 산업혁명시대 인간이 해야 하는 창조는 여러 가지 빅 데이터 중 서로 관련 없는, 즉 공통점이 없는 데이터를 융합해서 새로운 것을 만드는 것이다. 데이터베이스는 여러 개의 테이블로 구성이 되는데 반드시 유일한 값을 가지는 키(key)가 존재한다. 학교에서 학번, 회사에서 사번이 대표적이다. 여러 개의 테이블을 사용해서 계산을 하고 값을 표현하기 위해서는 공통적인 키가 있어야 한다. 이것을 조인(join)을 한다고 하는데, 이 원리가 적용된 것이 블록체인이다.

회사에서 급여 계산이나 인사고과, 발령사항을 처리하는 것도 사번이라는 공통의 키가 존재하기 때문이다. 공통의 키가 없다면 각각의 테이블에서 특정 사람에 대한 정보를 불러올 수 없다. 이 말은 곧, 공통의 키가 없는 데이터베이스 테이블끼리는 아무것도 할 수 없다는 것이다. 이것이 '폰 노이만 컴퓨터'의 한계이자 인공지능의 한계다.

반면에 인간은 어떤가? 인간은 공통의 키를 가지고 있는 데이터는 물론이거니와 그렇지 않은 데이터끼리 융합을 해서 새로운 것을 만드는 것도 가능하다. 영화 〈전우치〉는 조선시대 소설 《전우치전》을 바탕으로 했다. 영화가 소설과 다른 것은 전우치가 현대로 넘어가서 활약을 하는 것이다. 소설 속 배경과 현대는 차이가 있고, 이것을 각각의 테이블로 만들면 공통적인 키는 없다. 그런데도 영화는 두 시대를 융합해서 잘 그려냈다. 이것은 인간만이 가능한 것이다. 인공지능이라면 이렇게 그려내지 못한다. 바로 이것은 창조하는 능력이다.

창조하는 능력은 다르게 생각하는 것으로부터

지난 2005년 스탠퍼드 대학교 졸업 연설에서 스티브 잡스는 "Think Different."라는 말을 했다. 우리말로 하면 '다르게 생각하라.'는 뜻인데 이 말에 창조는 '다르게 생각하는 것부터'라는 것이 함축되어 있다.

1970년대 잡스가 APPLE-1이라는 최초의 개인용 컴퓨터(PC)를 내놓은 것도, 음원 거래 플랫폼 아이튠즈 Store를 내놓은 것도 생각을 다르게 했기 때문이다. 컴퓨터가 대학교나 연구소에서만 사용될 때 개인용으로 사용할 수 있게 생각한 것도, MP3플레이어가 유행하던 시절, 대부분이 MP3플레이어에 집중을 할 때 음원의 가치를 알아보고 음원 거래 플랫폼을 생각한 것도 다르게 생각한 것이 바탕이었다. 다른 사람과 똑같이 생각했다면 이런 제품들을 우리가 볼 수 없었을 것이다.

이 말은 인간은 개개인마다 생각이 다르다는 것을 보여주는 것이다. 모든 사람이 같은 생각을 가지고 있다면 'Think Different'를 할 수 없었을 것이다. 생각은 같은 부모에게서 태어난 형제간이라도 다르다. 형제간이라도 식당에서 밥을 먹을 때 각각 다른 메뉴를 선택하고, 대학교 전공을 선택할 때 한 명은 이공계를 한 명은 인문계를 선택하는 경우가 있다. 게다가 취업도 각자 다른 곳으로 하는 경우는 허다하다.

인공지능은 어떤가? 동일한 운영체제와 동일한 소프트웨어가 설치된 기계는 동일한 작업을 수행하지 제각각 다른 작업을 수행할 수 없다. 나는 출장을 갈 때 기차를 이용하곤 하는데 주로 스마트폰 앱을 이용해 표를 구매한다. 가끔씩은 역에 있는 자동판매기 통해 구입을 한다. 역에는 규모에 따라 다르겠지만 서울역이나 부산역 같은 규모가 큰 역은 티켓 자동판매기가 여러 대 있다. 이 등 중 아무 곳이나 가면 표를 살 수 있다.

이러한 것은 인공지능은 인간처럼 제각각 개성을 가지지 못하기 때문이다. 동일한 운영체제와 프로그램이 설치된 기계에서는 동일한 작업을 수행한다. 이것은 알파고도 마찬가지다. 동일한 운영체제에 동일한 프로그램이 설치되어 있다면 동일한 작업을 한다. 인간처럼 각각의 개성을 보여주지 못한다.

지금의 인공지능이 인간처럼 개인마다 각각 다른 작업을 하지 못하는 것은 결국 생각하는 능력이 없기 때문이다. 정확히 말하면 다르게 생각하는 능력이 없기 때문이다. 각자의 개성을 표현하기 위해서는 다르게 생각하는 것이 필수다. 그렇지 않다면 중국집에서 음식을 시킬 때 나는 짬뽕을 먹고 싶은데 어쩔 수 없이 짜장면으로 통일하는 것과 같은 효과만 나올 수 있다.

다르게 생각한다는 것은 '어떻게 해야 할까?'라는 질문에서 나오는 것이다. 이런 질문은 절대 '예/아니오'로 답할 수 있는 것이 아니다. 세종대왕이 한글을 창제할 때 했던 '어떻게 하면 백성들이 쉽게 이해할 수 있는 글자를 만들 수 있을까?'라는 질문을 놓고 끊임없이 생각한 것이다. 이런 물음에는 정해진 답이 없고, 지금 상황에서 최선의 방법만 있을 뿐이다. 즉, 100명의 사람에게 이 질문을 했다면 100가지 답도 나올 수 있다는 것이다. 이것이 다르게 생각하는 것이다.

다르게 생각하는 것은 오직 인간만이 가능하다. 폰 노이만 컴퓨터를 베이스로 한 인공지능은 '예/아니오'로만 답할 수 있는 것만 처리가 가능하다. 기본적으로 '폰 노이만 컴퓨터'는 2진수 체계를 사용한다. 2진수 체계란 '0과 1'로 구성된 것이기도 하고, '예/아니오'로 답할 수 있는 것이기도 하다. 즉, 폰 노이만 컴퓨터는 생각하는 것이 아예 불가능하다. 컴퓨터 구조적으로나 하드웨어, 소프트웨어를 보더라도 생각하는 것은 불가능하다.

혹자는 AI스피커를 보면 생각을 할 수 있다고 볼 수 있지만 실상은 그런 것이 아니다. 프로그램된 답만 말해줄 뿐이다. 예를 들어 '최신 뉴스 찾아줘'를 "최신 거시기 찾아줘."라고 하면 AI스피커는 "무슨 말인지 못 알아듣겠습니다. 다시 한번 말해주시겠습니까?"

라는 말만 되풀이한다. 반면 인간은 단번에 알아듣거나 "최신 뉴스 찾아 달라는 것 맞습니까?"라는 질문도 가능하다. 이 외에도 여러 가지로 답변이 가능하다.

바로 이런 부분이 인간과 인공지능의 차이점이다. 한 가지 질문에 여러 답변이 가능한 것은 결국은 인간이 다르게 생각하는 능력이 있기 때문이다. 다르게 생각한다는 것은 기존의 것을 바탕으로 새로운 것을 만들 수 있다는 것이다. 그리고 개인마다 다른 것을 만들 수 있다는 뜻이기도 하다.

인간의 강점은 창조하는 능력이다. 이것은 인공지능이 절대 할 수 없는 영역이기에 이것을 특화시켜 인공지능과 공존을 해야 한다.

04

인간과 인공지능은 공존해야 한다!

18세기 후반 일어났던 산업혁명 초기, 기계의 등장으로 인간은 위기를 맞이했다. 제품의 생산을 공장에서 하는 것은 같았지만 생산을 하는 방식이 바뀌었다. 이전에는 인간의 손으로 제품을 생산했다면 산업혁명 이후로는 기계가 제품을 생산하게 되었다. 인간의 생산력은 기계를 따라가지 못했다. 게다가 기계는 초기 도입비용은 많이 들지만 이후로는 유지보수비용, 수리비용, 전기 사용료만 들어가기 때문에 비용 측면에서도 사람을 고용하는 것보다 저렴했다. 이로 인해 많은 사람들이 직장을 잃고 거리로 내몰리게 되었다.

이런 상황에서 기계파괴운동인 '러다이트 운동'이 일어났지만 결과적으로 실패로 끝나게 되었다. 이를 계기로 인간은 기계와 경쟁하는 것보다 기계와 공존하는 방법을 택했다. 인간이 기계와 공존하기 위해서는 기계는 할 수 없고, 인간만이 할 수 있는 일을 찾아 특화시킨 것이다. 의료, 교육 등이 대표적인 것이다. 이것은 지금의 4차 산업혁명시대도 적용되는 것이다.

인간과 인공지능은 공존 가능성

4차 산업혁명시대의 핵심은 인공지능이다. 이 말은 인공지능이 우리 생활 속 깊숙이 들어온다는 것을 일컫는다. 현재 상황만 봐도 스마트폰에는 음성인식 기술이 들어가 있고, TV를 보거나 음악을 들을 때도 음성인식을 활용한다. 이처럼 실생활의 많은 부분에서 인공지능 기술은 알게 모르게 들어와 있고, 우리가 활용하고 있기도 하다.

우리가 생활 속에서 인공지능을 활용하는 이유는 편리하기 때문이다. 시대를 막론하고 인간은 편리함을 추구했다. 내가 초등학교를 보낸 시절은 드라마 〈응답하라 1988〉의 배경인 1980년대 말

~1990년대 초다. 이때까지만 해도 TV를 볼 때 채널을 바꾸고 싶으면 TV에 있는 다이얼을 돌려야 했다. 지금처럼 리모컨으로 채널을 바꾸는 TV가 있는 집은 드물었다.

내가 리모컨을 사용해 채널을 바꾸는 TV를 본 것은 초등학교 4학년 때 친구 집에 놀러 갔을 때였다. 당시 친구 집은 자가용이 있을 정도로 잘 살았던 걸로 기억한다. 그 집에 유일하게 리모컨을 사용하는 TV가 있었다. 물론 이 TV는 국산이 아니라 수입산이었다. 처음 리모컨으로 채널 돌리는 것을 봤을 때 다른 세계에 온 것 같은 착각이 들었다. 그만큼 나에게는 충격이었다.

이로부터 10년이 채 지나지 않은 시점에 국산 TV도 리모컨을 도입했고, 이것이 대세로 자리 잡았다. 그 이유는 그만큼 편리해서다. 이는 현재 데스크톱 컴퓨터보다 노트북이나 태블릿이 많이 팔리는 것과 같다. 이 역시 편리함 때문이다.

지금의 인공지능도 마찬가지다. 우리 생활을 편리하게 해주기 때문에 대세로 자리 잡을 것은 의심의 여지가 없다. 물론 인공지능은 인간에게 편리함만 주는 것은 아니다. 하지만 편리하기에 인공지능을 찾을 것은 분명하다. 즉, 인간은 지금보다 더 많이 인공지능을 찾을 것이다. 이런 상황이라면 인간과 인공지능이 공존할 수밖에 없는 것이다.

인간과 인공지능 공존의 조건은

인간과 인공지능이 공존하기 위해서는 어느 정도 진통을 겪는 기간이 필요하다. 인간과 기계가 그랬던 것처럼. 지난 2016년 3월 이세돌 9단과 알파고의 바둑대결은 많은 것을 시사한다. 인공지능의 능력이 인간을 뛰어넘은 것이 아니냐는 놀라움과 더불어 두려움도 늘어났다.

2016년을 기점으로 해서 그동안 인간이 하던 일을 인공지능으로 대체하기 시작했다. 대부분의 음식점이나 카페에서 키오스크를 찾아보는 것은 어렵지 않다. 키오스크의 등장은 주문을 받고 계산을 하는 일에서는 더 이상 인간이 설 자리가 없어졌다는 것을 의미한다. 넓게 보자면 이전에 인간이 하던 단순한 일은 앞으로는 인공지능으로 대체될 것임을 의미한다. 이 말은 곧, 인간이 시대의 흐름에 맞게 살아가려면 인간만이 할 수 있는 일을 찾아서 특화해야 한다는 것이다.

인간과 인공지능이 모두 가능한 일이라면 이제는 인공지능에 밀릴 수밖에 없다. 그래서 인간만이 할 수 있고, 인공지능이 할 수 없는 일을 찾아야 한다. 바로 이것이 인간과 인공지능이 공존하는 방법이다. 이는 과거 인간과 기계가 공존하는 것과 같은 이치다.

18세기 말 시작된 산업혁명(1차 산업혁명) 당시 기계의 등장으로 인간의 일자리가 줄어들게 되고 실업자가 많이 생겨나게 되는 위기를 맞이했다. 이때 인간은 기계와 공존하는 방법을 선택해서 지금까지 왔다. 인간은 기계가 할 수 없는 교육, 의료 등을 특화시켜서 지금까지 왔다. 지금의 4차 산업혁명시대도 마찬가지다. 인간은 인간만이 할 수 있는 것을 특화시켜서 인공지능과 공존해야 한다.

인간이 특화할 수 있는 것

기계는 생산을 할 수 있어도, 스스로 기계를 설계하고 만들 수 없다. 게다가 기계는 고장이 나면 스스로 이를 고칠 수 없다. 이것은 오직 인간만이 할 수 있다. 기계설계와 수리는 전문적인 역량이 없으면 할 수 없다. 그래서 필요한 것이 교육이고, 이를 교육할 사람이 필요한 것이다. 인간은 이런 일자리를 특화시켜서 지금에 이르고 있는 것이다. 이는 4차 산업혁명시대도 마찬가지다.

4차 산업혁명시대를 살아가는 인간은 인공지능과 공존할 수밖에 없다. 그러기 위해서는 인간만이 할 수 있는 것을 특화시켜야 한다. 즉, 인간은 할 수 있지만 인공지능은 할 수 없는 분야를 찾아서 특화시켜야 한다.

인간은 창의력을 발휘할 수 있는 분야에서는 인공지능을 압도한다. 다시 말해 인공지능은 창의적인 능력을 발휘할 수 없다는 것이다. 인공지능이 음악을 작곡하고, 그림을 그리고, 소설을 쓴다는 언론 보도가 나오지만, 이는 창의적인 능력보다는 빅 데이터를 활용해 짜깁기하는 것이다.

반면에 인간은 기존의 것을 활용해 새로운 것을 만들 수 있다. 전화기 컴퓨터, MP3를 합쳐서 스마트폰을 만들기도 하고, 노트북보다 가볍고 휴대성이 좋은 태블릿PC를 만들기도 한다. 이것은 창의력과 밀접한 연관이 있다. 창의력은 백지상태에서 새로운 것을 만드는 것이 아니라 기존에 있던 것을 활용해서 새것을 만드는 것이다. 그래서 '하늘 아래 새로운 것이 없다.'는 말이 나온 것이다.

인간이 인공지능과 공존하기 위해서는 창의력을 발휘할 수 있는 분야를 특화시키는 것이다. 이 말은 창의력을 갖추지 않으면 4차 산업혁명시대에 인공지능과 공존할 수 없다는 것을 뜻한다.

4차 산업혁명시대, 인공지능과 공존하기 위해서는 인간만이 할 수 있는 창의력을 발휘하는 분야를 특화시켜야 한다. 그래야 인공지능을 편리하게 이용할 수 있고, 주도적으로 이용할 수 있는 것이다.

Epilogue

'지피지기'면 '백전불태'다

손자병법에 '지피지기면 백전불태'라는 말이 있다. 이 말은 '상대를 알고 나를 알면 백 번 싸워도 위태롭지 않다.'는 뜻을 가지고 있다. 우리가 흔히 알고 있는 '지피지기면 백전백승', '지피지기면 백전불패'라는 말은 잘못된 말이고, '지피지기면 백전불태'라는 말이 맞는 말이다. 쉽게 생각해 봐도 나를 알고 상대를 알아도 백번 싸워서 모두 이길 수 없는 일이다. 상대도 바보가 아닌 이상 준비를 철저히 하기 때문이다. 게다가 상대가 나보다 훨씬 강하다면 단 한 번 이기는 것조차 힘든 경우도 있다. 하지만 위태로운 상황을 막는 것은 백 번 싸워도 가능하다.

'지피지기면 백전불태'라는 말은 상대를 아는 것도 물론 중요하지만 그 전에 나를 제대로 아는 것이 더 중요하다. 나를 제대로 알아야 상대에 맞는 전술을 짜고 실행을 할 수 있는 것이다.

우리나라 축구 대표님이 동남아 팀을 상대하는 것과 브라질이나 프랑스 같은 팀을 상대할 때 전술은 다를 수밖에 없다. 동남아 팀을 상대하면 우리나라가 '탑독(Top Dog; 강자를 흔히 탑독이라고 부르고, 반대로 약자를 언더독이라고 부른다.)'이지만 브라질이나 프랑스를 상대할 때는 우리나라가 '언더독(Under Dog)'이다. 스포츠 경기에서 '탑독'일 때와 '언더독'일 때 상대에 대한 전술은 다르다. 우리가 브라질과 프랑스를 상대할 때 '탑독'처럼 주도권을 갖고 공격적인 전술을 사용한다면 무조건 질 수밖에 없다. 그래서 이런 팀을 상대할 때는 수비에 치중을 하고 역습을 노리는 '언더독' 전술을 써야 하는 것이다.

지난 2018년 러시아 월드컵 조별리그 마지막 경기인 독일전이 '언더독'의 전술을 제대로 보여준 예다. 누가 봐도 독일이 '탑독'이기에 전체적으로 라인을 내리고 역습을 노려야만 했다. 그리고 우리나라는 '손흥민'이라는 톱클래스 공격수가 있기에 한 방을 노릴 수 있는 최적의 조건을 갖췄다. 이런 전술로 나와서 독일을 2 대 0으로 꺾고 유종의 미를 거둔 것이다. 만약 우리가 '탑독' 작전을 썼다면 100% 패했을 것이다. 바로 이것이 '지피지기면 백전불태'라는 것을 보여준 것이다.

이것은 4차 산업혁명시대, 인간과 '인공지능'의 관계도 마찬가지다. 4차 산업혁명시대는 인간과 '인공지능'이 공존을 해야만 한다. 인간이 '인공지능'과 공존하기 위한 조건은 인간만이 할 수 있는 일을 특화하는 것이다. 그러기 위해서는 인간과 '인공지능'에 대해서 정확히 알아야 되고, 특히 인간에 대해서 정확히 알아야 되는 것이다.

인간은 창의적인 부분에 강점을 보이고 있고, 이것은 인공지능이 따라 할 수 없는 부분이다. '인공지능'이 창의력을 발휘할 수 없는 이유는 바로 '프로그램'의 틀 안에서 움직이기 때문이다. 즉 각자의 개성을 표현할 수 없다는 것이다. 혹자는 '인공지능'이 그림을 그리고, 글을 쓰고, 음악을 작곡했다는 언론기사를 보면서 '인공지능'도 창의적인 능력을 가지고 있는 것 아니냐고 반문을 하기도 한다. 하지만 인공지능이 하는 것은 어디까지나 복사해서 붙여넣기 하는 것 그 이상도 그 이하도 아니다. 하지만 인간은 어떤가?

인간은 기존의 것을 재해석해서 새로운 것을 만들 수 있다. 지금 우리가 사용하고 있는 모든 제품이 기존의 것을 재해석해서 탄생한 것이다. 여기서 재해석은 서로 관련 있는 자료를 융합해서 새로운 것을 만드는 것도 있지만, 서로 관련 없는 자료를 융합해서 새로운 것을 만드는 것도 포함된다. 인간만이 서로 관련 없는 데이터를 융합해서 새로운 것을 만들어 낼 수 있다. 이런 것은 끊임없이 질문하고 답을 구한다는 것인데, 이것은 사고하는 과정이 필요한데, 인공지능은 할 수 없는 부분이다.

이렇게 인간과 인공지능이 공존하기 위해서는 무엇보다 '지피지기'를 해야 된다. 이 책은 '지피지기'를 위해서 인간과 인공지능의 특성에 대해서 다룬 것이다. 이것만 안다면 인간과 인공지능은 경쟁이 아닌 공존의 길을 갈 수 있을 것이다.

누구도 알려주지 않는 **인공지능 이야기**

초판 1쇄 발행 2022. 9. 1.

지은이 차석호
펴낸이 차석호
펴낸곳 드림공작소

편집진행 김주영
디자인 양헌경

펴낸곳 드림공작소
등록 제331-2019-000005호
주소 부산광역시 남구 수영로 298 산암빌딩 1001-198호 (대연동)

인쇄/유통/총판 주식회사 바른북스
주소 서울시 성동구 연무장5길 9-16, 301호 (성수동2가, 블루스톤타워)
대표전화 070-7857-9719

ISBN 979-11-91610-08-6 13500